„Ein in der Sonne stehender Baum, ein verwitterter Stein, ein Tier, ein Berg –
sie haben ein Leben, sie haben eine Geschichte,
sie leben, leiden, trotzen, genießen, sterben –
aber wir begreifen es nicht."

Hermann Hesse

9. Auflage, November 2007

Text: Norbert Wimmer
Illustrationen: Monika Schubarth, Susi Wimmer
Grafische Gestaltung: Martin Reindl
Konzeption: Anne Marie Tusche
Druck: sachsendruck GmbH, Plauen

Unsere Natur erleben und genießen

Wochenendausflüge in die Natur gehören zu den beliebtesten Freizeitaktivitäten von Familien mit Kindern. Viele Eltern wünschen sich, dass ihre Kinder möglichst viel Wissen über die Natur vermittelt bekommen und möchten dies auch aktiv fördern.

Mit speziellen Bestimmungsbüchern wird dann oftmals versucht dieses Faktenwissen weiterzugeben. Es zeigt sich aber immer mehr, dass durch die reine Artenkenntnis alleine noch lange kein tiefes und bleibendes Naturverständnis erreicht wird. Natürlich sollen Kinder die wichtigsten Baumarten, Tiere und Pflanzen in unserer Natur kennen. Doch genauso entscheidend ist es, dass diese Artenkenntniss in Zusammenhänge eingebettet wird.

Unterwegs sein ...

Die wichtigsten Tier- und Pflanzenarten sollten zu „guten Bekannten" werden. Doch nicht nur deren Namen sind wissenswert. Auch ihre Bedeutung und Stellung in den grundlegenden Kreisläufen der Natur sind von großem Interesse.

Wer Wald und Natur als Kind kennen und schätzen lernt, wird auch als Erwachsener mit ihr verbunden sein.

Ich denke da beispielsweise an die Rotbuche, einen unserer häufigsten Laubbäume. Wenn wir einen großen Laubbaum mit glatter Rinde sehen, dann könnte das ein Rotbuche sein. Aber woran erkennen wir, ob es sich tatsächlich um eine Rotbuche handelt? Ganz einfach: Die Blätter sind oval, an den Zweigen befinden sich spitze Knospen, die richtig stechen, und auf dem Boden liegen die Bucheckern vom letzten Jahr. Doch nun sollten wir uns weitere Gedanken über die Buche machen: Wie unterscheidet sich z. B. die Krone einer Buche von der einer Eiche? Eindeutig, denn die Buche ist dichter belaubt, wodurch es am Waldboden wesentlich schattiger ist. Und was hat das für Folgen? Bei einem Vergleich der Bodenvegetation von Buchen- und Eichenwald stellen wir fest, dass unter der Buche viel weniger Kräuter und Gräser wachsen. Ist das nicht eine spannende Sache?

Es ist auch für mich als Förster immer wieder erstaunlich, wie schnell Kinder bei Waldführungen durch wenige Fragen solche Sachverhalte erkennen können. Oftmals ist das theoretische Wissen bereits durch die Schule oder das Fernsehen vorhanden. Es muss nur noch in der Natur anhand konkreter Beispiele eingeordnet werden.

Entdecken ...

Um Hinweise geben zu können, brauchen Eltern jedoch mehr Informationen als nur die speziellen Artenkenntnisse. Der vorliegende Naturführer möchte Ihnen und Ihren Kindern neben der Vorstellung einzelner Tier- und Pflanzenarten die grundlegendsten Kreisläufe in der Natur mit einfachen Worten nahe bringen. Dabei erheben wir jedoch keinen Anspruch auf Vollständigkeit.

... und begreifen

Die wichtigste Voraussetzung für beeindruckende Naturerlebnisse, sich genügend Zeit für solche Unternehmungen zu nehmen, kann nur von den Eltern kommen. Für Phantasie und Neugierde sorgen die Kinder. Oftmals werden sie sogar den Eltern wieder helfen, die Augen für die kleinen und großen Wunder in der Natur offen zu halten.

Eine langfristige Naturverbundenheit zu schaffen, die ein ganzes Leben anhält, ist wohl die beste Möglichkeit Natur nachhaltig zu schützen. Denn wer die Natur liebt, wird sich auch für deren Erhalt einsetzen.

Norbert Wimmer

Der Wald –

unser natürlichstes Ökosystem

Die Wälder im Mittelalter ähnelten Eichenwäldern wie diesen. Sie waren aber stark übernutzt, da in ihnen sogar das Vieh geweidet wurde.

Der Wald – unser natürlichstes Ökosystem

Auf der Fläche Mitteleuropas würde von Natur aus fast überall Wald wachsen. Es gab aber auch Zeiten, zu denen selbst von Natur aus kein Wald existieren konnte. Durch Klimaschwankungen kam es zu Eiszeiten, in denen das Klima sehr viel kälter war. Deshalb konnte damals nur eine tundraartige Vegetation, wie wir sie heute noch in Nordeuropa und Alaska vorfinden, bestehen.

Nach dem Ende der letzten Eiszeit vor ca. 14.000 Jahren entstanden zunächst Wälder aus den widerstandsfähigsten Bäumen, wie Birke und Kiefer. Erst mit zunehmender Erwärmung bildeten sich diese „nordischen Wälder" in die uns vertrauteren Laubwälder mit Eichen, Buchen und vielen anderen Baumarten um. Diese Wälder wurden jedoch während der Steinzeit vor über 8000 Jahren von unseren Vorfahren, die zu dieser Zeit gerade sesshaft wurden, verändert. Sie begannen Getreide anzubauen und Vieh zu

züchten. Dazu musste Wald mit Hilfe des Feuers gerodet werden. Mit zunehmender Bevölkerung wurde der Einfluss des Menschen immer stärker. Holz war einer der wenigen Baustoffe und gleichzeitig die einzige Energiequelle.

Die Ansprüche an den Wald steigerten sich über die Jahre immer mehr. Im Mittelalter kam es dann zu starken Übernutzungen und zu Holzknappheit. Bereits zu dieser Zeit waren zwei Drittel unserer Landschaft gerodet. Die verbliebenen Wälder waren stark gelichtet, da in ihnen das Vieh weidete. Sogar die Laubstreu wurde aufgesammelt und als zusätzlicher Dünger auf die Felder gebracht. Viele Wälder waren im Mittelalter so licht, dass sie schon eher Parklandschaften als richtigen Wäldern ähnelten. Nur alte knorrige Bäume waren übrig geblieben, da das Vieh die jungen Bäumchen immer wieder abgefressen hatte.

Als sich zu dieser Zeit ein starker Holzmangel abzeichnete, wurde die Nachzucht von Nadelbäumen, wie der Kiefer oder der Fichte, erfunden. Ursprünglich kam die Kiefer nur auf sehr trockenen Sandböden vor. Die Fichte wuchs nur in den Hochlagen der Gebirge. Da Nadelbäume sehr leicht nachzuziehen bzw. zu pflanzen waren und sie auch auf den vielen ausgelaugten Waldböden schnell wachsen konnten, wurden sie vom Menschen im Laufe der vergangenen Jahrhunderte immer stärker verbreitet. Das brachte aber auch Probleme mit sich, da gerade Monokulturen aus Nadelbäumen sehr anfällig gegenüber Schädlingen und Stürmen sind. Leider setzte sich diese Erkenntnis erst in jüngerer Zeit wirklich durch, sodass heute wieder mehr stabile und naturnähere Mischwälder aus Nadel- und Laubbäumen bestehen.

Im letzten Jahrhundert wurden die Nadelbäume als Monokultur wieder stark verbreitet. Sie sind auch auf ausgelaugten Böden leicht zu ziehen, jedoch sehr anfällig gegenüber Schädlingen und Stürmen.

Dieser kleine Ausflug in die Waldgeschichte ist wichtig, um zu erkennen, dass der überwiegende Teil unserer Wälder von Menschenhand gemacht ist und schon seit langer Zeit von ihm beeinflusst wird. Und doch kommen diese Wirtschaftswälder einem ursprünglichen Vegetationszustand immer noch näher als beispielsweise Äcker, Wiesen oder gar Siedlungsflächen. Es leben dort sehr viele Tiere und Pflanzen, die auch im ursprünglichen Wald zu Hause waren. Es liegt in der Hand unserer Gesellschaft, diesen Wald wieder mehr in die Richtung seiner Ursprünglichkeit zurückzuführen. Den Urwald wieder herzustellen, ist jedoch unmöglich, da die moderne Gesellschaft viel zu hohe Ansprüche an den Wald hat.

Baum ab – Nein Danke! Dieser Slogan führt in die Irre, denn Holz ist ein wichtiger und umweltfreundlicher Rohstoff. Eine behutsame und einzelstammweise Nutzung ist aber Grundvoraussetzung.

Allem voran benötigen wir große Mengen an Holz. Dieser umweltfreundliche Rohstoff wächst ohne künstliche Düngung oder den Einsatz von Pflanzenschutzmitteln heran. Wichtigste Voraussetzung für eine naturnahe Bewirtschaftung ist jedoch, dass nur soviel Holz auf schonende Art und Weise geerntet wird, wie auch nachwächst. Verschiedene Baumarten sollen zu einem stabilen Mischwald herangezogen werden. Hier unterscheidet sich die moderne Forstwirtschaft sehr stark von den noch vor 30 Jahren üblichen Kahlschlagsmethoden, die nur wenige Nadelbäume bevorzugten.

Oberstes Ziel muss immer die Erhaltung der Waldstruktur sein, d. h., auf der ganzen Waldfläche müssen immer Bäume stehen. Sie dürfen auf größerer Fläche nie alle auf einmal gefällt werden. Ideal ist es, wenn unter den alten Bäumen schon wieder junge Bäumchen heranwachsen. Diese Art der Bewirtschaftung spart auch viel Geld, da nicht mit großem Aufwand gepflanzt werden muß.

Beobachtung am Rande

Zeugen der Waldgeschichte:

Uralte, knorrige Buchen und Eichen finden sich noch in manchen Waldgebieten. Sie sind die letzten Zeugen der vielfältigen und intensiven Nutzung unserer Wälder in der Vergangenheit. Wegen der Beweidung durch das Vieh war der Wald stark aufgelichtet und so bildeten die wenigen Bäume eine weit ausladende Krone aus. Oft findet man diese Baummonumente in Waldrandnähe, da dort die Beweidung am längsten durchgeführt wurde. Auf Naturgemälden aus dieser Zeit ist dieser „Märchenwald" mit knorrigen Eichen und Buchen ebenfalls häufig zu entdecken.

In bergigem Gelände gibt es sogenannte Hohlwege. Sie wurden unbeabsichtigt von den eisenbereiften Pferde- und Ochsengespannen geschaffen. Ihre schmalen Räder schnitten tiefe Furchen in den Waldboden, die nachfolgender Regen stark ausspülte. Heute empfindet der Waldbesucher diese Wege als malerische Wanderpfade.

Ein solcher Wirtschaftswald unterscheidet sich vom Urwald vor allem durch das fast vollständige Fehlen oder zumindest viel seltenere Vorkommen von Totholz und ganz alten, langsam absterbenden Baumriesen. Die vielen Gemeinsamkeiten zwischen ursprünglichem und bewirtschaftetem Wald lassen sich am besten erkennen, wenn man sich erst einmal mit dem grundsätzlichen Aufbau des Waldes beschäftigt hat.

Der Wald wird in verschiedene Schichten gegliedert. Die Kronenschicht bietet einer Fülle von Tierarten einen Lebensraum.

Der Aufbau des Waldes

Die Kronenschicht

Der Wald gliedert sich in verschiedene Schichten. Am auffälligsten ist natürlich die Kronenschicht in den alten Wäldern. Bis zu 50 Meter hoch können Bäume bei uns werden, in Nordamerika sogar über 100 Meter. Somit sind diese Bäume die größten Lebewesen, die je auf unserer Erde existiert haben.

Diese Anpassung ist eine Art Wettbewerbsvorteil bei dem Kampf um ein knappes Gut im Wald – das Licht!

Die Kronenschicht ist eine Welt für sich. Dort leben viele Insekten, die von den Blättern oder Nadeln der Bäume leben. Sie sind wiederum Nahrungsgrundlage für eine Reihe von Insektenfressern. Ebenso bieten die schwer zu erreichenden Baumkronen auch einer Reihe von Tieren, wie dem Eichhörnchen oder unseren Greifvögeln, einen sicheren Ort für ihre Nester.

Es gibt viele verschiedene Baumarten, die sich an die unterschiedlichen Bodenverhältnisse und an die verschiedenen Gegebenheiten, wie sie im Laufe der Zeit in den Wäldern entstehen, angepasst haben. So wachsen sehr lichtbedürftige Arten an Stellen, wo z.B. durch einen Sturm eine größere Freifläche entstanden ist. Andere Baumarten schaffen es im Schatten alter Bäume zu wachsen, um später sofort ihren Platz einzunehmen, wenn diese sterben oder gefällt werden.

Wir erforschen die Welt der Baumkronen:

Es ist sehr interessant, einmal die Umrisse einer mächtigen Baumkrone auf dem Waldboden mit Ästchen, Steinen und ähnlichem zu kennzeichnen. Oftmals ist es eine überraschend große Fläche, die von einem solchen alten Baum überschirmt wird.

Noch einfacher: Wir legen uns auf den Waldboden, beobachten das sanfte Schwingen der Kronen im Wind und lauschen dem Rascheln der Blätter.

Unternehmung

Die Strauchschicht

Die Blüten des Seidelbast sind sehr wohlriechend, aber giftig!

Seine knallroten Früchte werden von Tieren gefressen und über deren Kot verbreitet.

Sträucher sind im Grunde kleinere Bäume, die aber nie so hoch werden wie ihre großen Brüder. Sie wachsen oft in Randbereichen wie etwa an Flussufern oder an Waldrändern. Sie sind zwar den Bäumen „unterlegen", können aber dank ihrer Größe mit Gräsern und Kräutern gut konkurrieren. In der Strauchschicht finden sich auch jüngere Bäume, die gerade auf dem Weg zum Licht sind. Es ist meist ein harter Kampf, den diese jungen Bäumchen führen müssen, und nur die wenigsten schaffen es, sich bis in den freien Lichtraum hochzukämpfen.

Auch die Sträucher mussten verschiedene Anpassungen entwickeln, um im „Unterholz" existieren zu können. So haben viele Sträucher auffällige Beerenfrüchte, die von Tieren gefressen werden. Als Gegenleistung verbreiten Sie in ihrem Kot die Samen der Sträucher. Viele Sträucher können sich auch über Wurzelschößlinge vermehren, was an schattigeren Wuchsorten eine weit effektivere Vermehrungsmethode als die Vermehrung über Samen sein kann.

Die Fortpflanzungsstrategien der Sträucher sind insgesamt gesehen sehr unterschiedlich. So blühen beispielsweise der Seidelbast und die Haselnuss bereits im zeitigen Frühjahr vor Laubaustritt der Bäume, um genügend Licht zu erhalten und Früchte bzw. Nüsse bilden zu können.

Da sich die Knospen und Blätter der Sträucher immer in Reichweite von Pflanzenfressern, wie Reh, Hirsch und Hase befinden, haben manche Sträucher Dornen als Schutz vor zu starkem Verbiss ausgebildet. Andere Sträucher verhindern diesen Verbiss, indem sie ein nahezu undurchdringliches Gestrüpp bilden, in dessen Kernzone auch das Wild nur selten vordringt.

Die Krautschicht

Während die Bäume noch Winterruhe haben, treiben Frühblüher, wie diese Märzenbecher, mit Hilfe eingelagerter Vorratsstoffe aus.

Trotz des häufigen Lichtmangels am Waldboden schaffen es eine ganze Reihe von sehr verschiedenen Pflanzen, wie Kräuter, Gräser, Pilze, Moose und Farne, dort zu existieren. Hierzu haben sie faszinierende Anpassungen entwickelt. Am auffälligsten sind im Frühjahr verschiedene Frühblüher, wie Buschwindröschen oder Leberblümchen. Sie haben schon im vorangegangenen Jahr in ihren Wurzeln, Knollen oder Zwiebeln Vorratsstoffe eingelagert, um sehr frühzeitig blühen zu können. Da die oberen Bodenschichten sich viel eher erwärmen, haben sie einen Entwicklungsvorsprung gegenüber den Laubbäumen, die zu dieser Zeit noch kahl sind und schon wegen ihrer Größe eine längere Anlaufzeit benötigen.

Gräser wachsen meist nur an lichteren Stellen und dehnen sich durch Wurzelausläufer zu großen Polstern aus. Farne und Moose sind sehr anpassungsfähig und ertragen viel Schatten. Pilze haben sich vom Licht ganz unabhängig gemacht. Sie leben von abgestorbener Biomasse oder gehen zur Ernährung äußerst interessante Zweckgemeinschaften mit den Bäumen ein.

Unternehmung

Wer hat die meisten Grüntöne?

Wir kleben auf einen Karton die verschiedensten Blätter und Blüten von Bodenpflanzen auf. Dabei nehmen wir nur ein kleines Blättchen oder Hälmchen, damit die Pflanzen weiterleben können. Es ist faszinierend, wie viele Grüntöne auf kleinstem Raum am Waldboden vorkommen. Sind es mehr als ein berühmter Maler auf seiner Farbpalette hat?

Die Bodenschicht und der Wurzelraum

Am Waldboden wird die abgestorbene Biomasse über viele Einzelschritte zerlegt und in den Boden eingearbeitet, um als Nährstoff für die Bäume und andere Waldpflanzen zu dienen. Dieser unscheinbare Teil des Waldes ist ein „Miniaturzoo" mit gefräßigen Räubern und genügsamen Holzfressern. Es sind unter anderem Pilze, Bakterien, Einzeller sowie Faden- und Regenwürmer, die sich von dem abgestorbenem Laub, den Nadeln und Ästchen, aber auch den toten Tieren jeglicher Größe ernähren.

Die „vegetarisch" lebenden Bodentiere sind wiederum Nahrung für eine ganze Reihe von räuberisch lebenden Bodenorganismen. Auf einem Quadratmeter Waldboden leben ungefähr so viele Lebewesen wie es Menschen auf der Erde gibt (ca. 6 Milliarden). Auf einem Waldstück in der Größe eines Fußballfeldes finden ca. eine Tonne Regenwürmer einen Lebesraum. Sie leisten einen wichtigen Beitrag zum Zersetzungskreislauf, indem sie abgestorbene Pflanzenteile in den Boden ziehen. Von anderen Lebewesen werden sie dort rasch verarbeitet. Erst dann können die Regenwürmer sie als Nahrung aufnehmen. Ihr Kot wird von Bodenorganismen weiter zersetzt, bis nur noch die Ausgangsstoffe übrig bleiben.

Auf einem Quadratmeter Waldboden existieren so viele Lebewesen wie Menschen auf der ganzen Erde!

Durch diese verschiedenen Abbaustufen wird eine langsame Verbrennung der Pflanzenteile vollzogen. Die dabei freiwerdende „Wärme" ist die Energiequelle der Bodenorganismen. Die „Asche" besteht aus Mineralstoffen, die die Pflanzen zusammen mit dem freiwerdenden Kohlendioxid wiederum zur Fotosynthese (siehe Seite 19) benötigen.

Diese Vorgänge spielen sich auch in jedem Komposthaufen ab, jedoch mit dem Unterschied, dass wir die fast zersetzte Biomasse (= Humus) im Garten gezielt als Dünger einsetzen.

Im Wald geschieht Zersetzung und Wiederverwertung am selben Ort. Die einzelnen Zersetzungsstadien lassen sich gut erkennen: Während in der oberen Schicht Blätter und Nadeln noch gut erhalten sind, werden mit zunehmender Tiefe die Pflanzenreste immer stärker zersetzt.

Im Nadelwald ist die Humusschicht viel dicker als im Laubwald, weil sich die Nadeln durch verschiedene Inhaltsstoffe schwerer zersetzen lassen als die Blätter vieler Laubbäume.

Unternehmung

Der Waldboden ist ein Mikrokosmos:

Wenn wir einmal auf einem Stückchen Waldboden die unterschiedlichsten „Abfälle", wie Ästchen, Blätter, Zapfen usw., zu einer Art Museum zusammentragen, wird uns erst richtig bewusst, wieviele unterschiedliche Walderzeugnisse von den Bodenorganismen zerlegt werden müssen.

Um einen Eindruck von der Vielfalt der Bodenlebewesen zu bekommen, nehmen wir ein feines Sieb mit einer Maschengröße von 3 mm. Damit sieben wir Waldboden auf ein weißes Stück Laken oder Papier. Jetzt kommen die verschiedensten Tiere zum Vorschein, die wir vorsichtig in eine Becherlupe geben, um sie zu beobachten.

Der Zersetzungskreislauf

Viele Kleinlebewesen sind an den Zersetzungsvorgängen in der Bodenschicht beteiligt. Dort leben aber nicht nur „Restverwerter", sondern auch viele Räuber, wie z. B. verschiedene Laufkäfer, die sich von diesen „Müllmännern" ernähren.

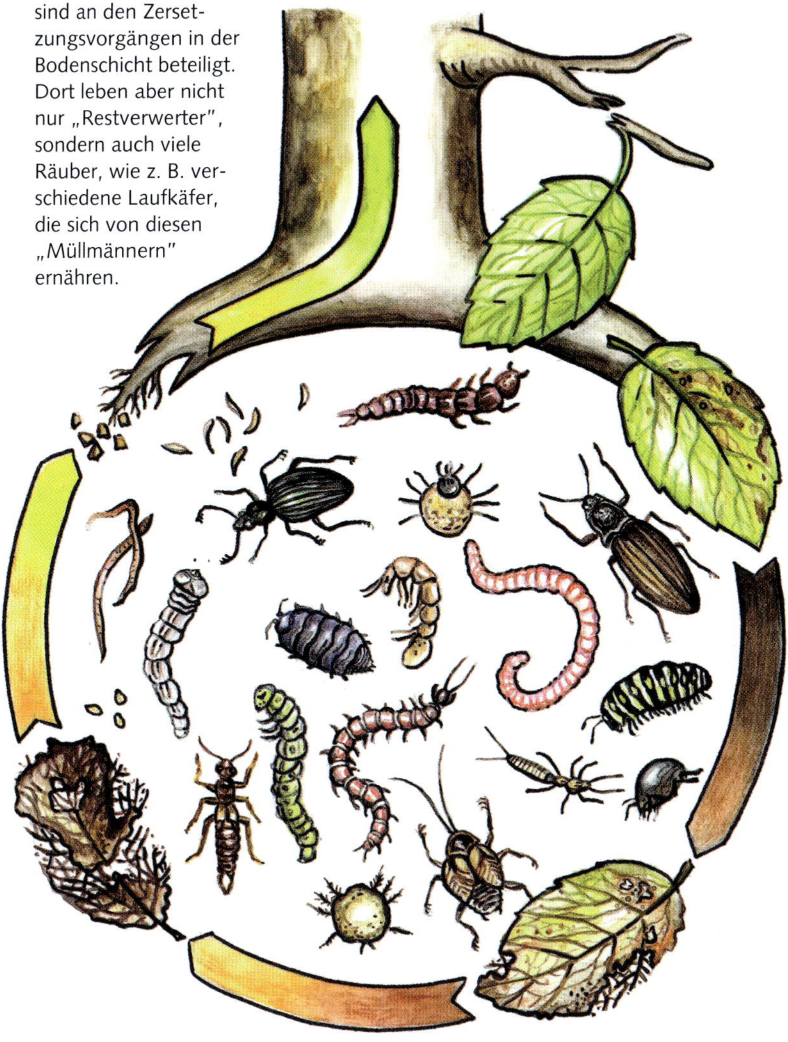

Bäume – die „Herrscher" des Waldes

Ein Baum besteht aus Wurzeln, Stamm und Krone. Sie alle tragen ihren Teil dazu bei, dass der Baum Fotosynthese betreiben und die dabei gewonnene Energie für sich nutzen kann. Alle grünen Pflanzen können mit ihren Blättern oder Nadeln Sonnenenergie einfangen. In jedem Blatt und in jeder Nadel befinden sich viele kleine „Fabriken", die Chlorophyllmoleküle.

Jedes Baumblatt ist eine kleine „Fabrik", in der Baumsaft hergestellt wird.

In diesen Molekülen werden mittels Sonnenenergie, Kohlendioxyd aus der Luft, Wasser und den darin gelösten Mineralstoffen baumeigene Produkte hergestellt. Bei der Fotosynthese wird Sauerstoff als „Abfallprodukt" in die Luft abgegeben.

Die Wurzeln nehmen über feinste Härchen das Wasser mit den Mineralstoffen aus dem Boden auf. Im Stamm werden sie dann durch winzig dünne Röhren im Holzgewebe nach oben geleitet. Da der Baum aber keine Pumpen hat, wird dies mit einer sehr einfachen und energiesparenden Methode erreicht.

Die Blätter haben Öffnungen, aus denen Wasser in die Luft verdunstet. Dabei wandert, wie bei einem riesigen Strohhalm, Wasser von unten nach oben. Gleichzeitig müssen aber auch baumeigene Produkte zu allen Teilen des Baumes transportiert werden. Der Transport geschieht im äußeren Bereich des Stammes durch die sogenannte Bastschicht.

Die Fotosynthese

Die Sonne liefert Energie in Form von Licht.

Kohlendioxyd wird aus der Luft aufgenommen.

Baumsaft wird zu allen Teilen des Baumes geliefert.

Sauerstoff und Wasserdampf werden abgegeben.

Wasser und Mineralstoffe werden von den Wurzeln aufgenommen.

Wir lauschen einem Baum:

Unternehmung

Der aufsteigende Saftstrom lässt sich im Frühjahr bei dünnborkigen Laubbäumen, wie Birke, Ahorn oder Buche, mit einem Stethoskop als Glucksen und Plätschern hören. Das ist wirklich ein Erlebnis! Stethoskope sind gar nicht teuer. Manchmal lässt sich auch ein überflüssiges in einer Arztpraxis ergattern. Es ist ja auch zu Hause für Kinder ein beliebtes Spielzeug.

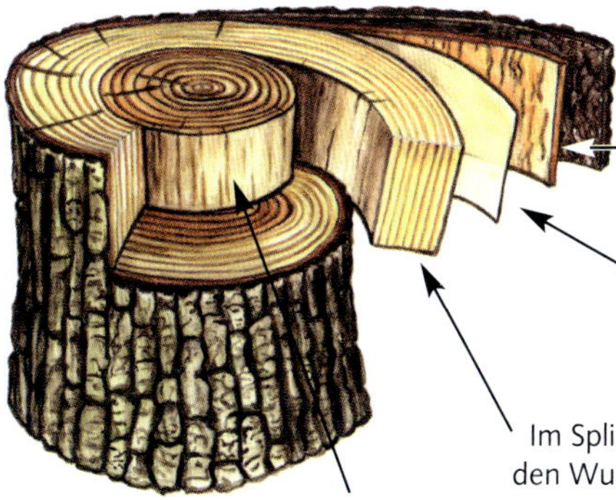

Die Borke ist der äußere Schutz des Baumes.

In der Bastschicht wird der Baumsaft von den Blättern abwärts transportiert.

Die hauchdünne Kambium-Schicht ist für das Dickenwachstum verantwortlich.

Im Splintholz steigt das Wasser von den Wurzeln bis zu den Blättern hoch.

Das Kernholz bildet den stützenden Teil eines Baumes.

Es sind also verschiedene Leitungssysteme notwendig, damit die Stofftransporte innerhalb des Baumes reibungslos funktionieren können.

Diese Stofftransporte sind die Grundvoraussetzung für das Wachstum der Bäume. Wie alle Pflanzen wachsen auch Bäume in die Länge. Dieses Längenwachstum geht an jeder Zweigspitze von speziellen Geweben aus. Somit bliebe ein Bändchen, das man an den Ast eines Baumes binden würde, immer an der selben Stelle und würde nicht nach oben wandern. Die Bäume wachsen nicht aus dem Boden, wie irrtümlich oft angenommen wird, sondern „stückeln" an den äußeren Spitzen an.

Für das Dickenwachstum der Bäume ist eine dünne Schicht im Außenbereich von Stamm, Ästen und Wurzeln verantwortlich: das Kambium. Es wird mit viel Baumsaft versorgt, damit dort eine starke Zellteilung – und damit Wachstum – stattfinden kann. Nach innen bildet das Kambium ein Holzgewebe aus, das dem Baum Festigkeit gibt und den Wassertransport zu den Blättern ermöglicht. Nach außen produziert es die Bastschicht, die für den Baumsafttransport zu allen Punkten des Baumes verantwortlich ist.

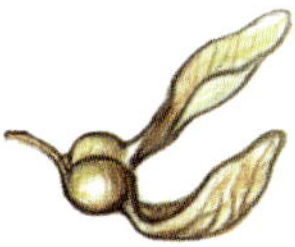

Die Wachstumsbedingungen für Bäume sind in den einzelnen Jahren sehr unterschiedlich. Das hängt wesentlich mit der jährlichen Regenmenge zusammen.

Frage

Wie entstehen Jahresringe im Holz?

Jahresringe bestehen aus Frühholz, das jedes Jahr im Frühjahr und Sommer gebildet wird und dem zum Ende der Vegetationsperiode gebildeten Spätholz. Das hellere Frühholz ist sehr grobporig und optimal für die Durchleitung von Wasser geeignet, während das dunklere, feinporigere Spätholz sehr fest ist und dem Stamm die nötige Stabilität verleiht. Genau diese dunklen Spätholzringe helfen uns, das Alter von gefällten Bäumen ziemlich genau zu bestimmen.

Frage

Warum verfärben sich die Blätter im Herbst?

Herbstlich verfärbte Wälder sind ein wundervoller Anblick. Die Bäume verlagern vor dem Laubfall wertvolle Inhaltsstoffe der Blätter in die Äste, den Stamm und die Wurzeln. Eine der so für das nächste Jahr geretteten Substanzen ist das für die Fotosynthese notwendige grüne Chlorophyll. Durch Abzug der Farbe Grün dominieren nun die bis dahin überlagerten Farben Rot und Gelb. Durch diesen Trick können die Bäume im Frühjahr sofort nach Laubaustritt wieder Sonnenenergie auffangen.

In Trockenjahren produzieren Bäume weniger Holz, da Wassermangel gleichzeitig auch Mineralstoffmangel bedeutet.

Schließlich kann auch ein gutes Samenjahr die Ursache sein. Wenn Bäume Samen produzieren, verlieren sie einen beträchtlichen Teil ihrer durch die Fotosynthese gewonnenen Nährprodukte. Baumarten mit sehr großen Samen können deshalb nur im Abstand von einigen Jahren sehr viele Samen erzeugen. Dann bleibt nur noch wenig Saft und Wasser für das Dickenwachstum des Baumes übrig. In solchen Jahren werden sehr schmale Jahresringe ausgebildet.

Bäume erzeugen nur in manchen Jahren viele Samen. Dadurch wird sichergestellt, dass genügend Samen keimen können.

Viele Tiere ernähren sich von Baumsamen, weil in ihnen nahrhafte Fette und Kohlenhydrate eingelagert sind. Eigentlich dienen diese Stoffe dem im Samen eingebetteten Keimling solange als Nahrung, bis er grüne Blätter ausgebildet hat und Fotosynthese betreiben kann. Da jedoch auch viele Waldtiere den „Knabberspaß" schätzen, wird ein Großteil der Samen gefressen, bevor er überhaupt keimen kann. Der größte Teil der Samen geht so verloren. Um sicherzustellen, dass doch eine ausreichende Zahl von Samen keimen und wachsen kann, erzeugen viele Bäume nur alle paar Jahre viele Samen.

Wie erkennt man Baumarten?

Am sichersten lassen sich Bäume über ihre Blätter identifizieren. Daneben sind gerade im Winter die Form und die Anordnung der Knospen eindeutige

Merkmale. Auch die Rinde oder die Borke von Bäumen geben manchmal wichtige Hinweise zur Bestimmung. Doch vor allem bei der Rinde ist Vorsicht geboten, da sie sich im Laufe eines Baumlebens stark verändern kann (siehe Seite 18). Früchte und Samen der einzelnen Baumarten sind auch sehr gut zuzuordnen, wobei diese oft sehr unregelmäßig vorkommen bzw. erst bei älteren Bäumen zu finden sind.

Verschiedene Blattformen:

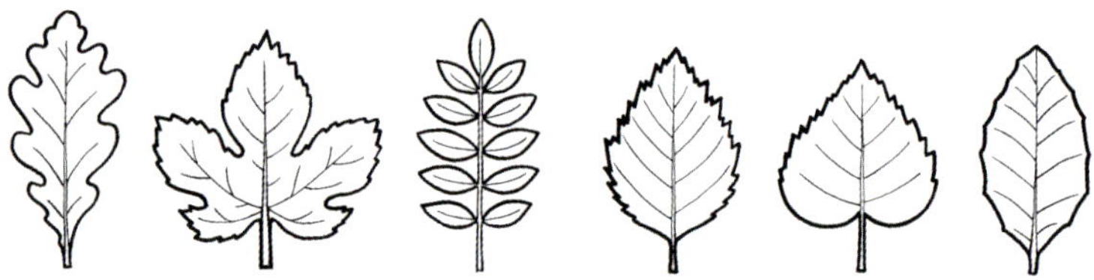

Wichtige Knospenanordnungen:

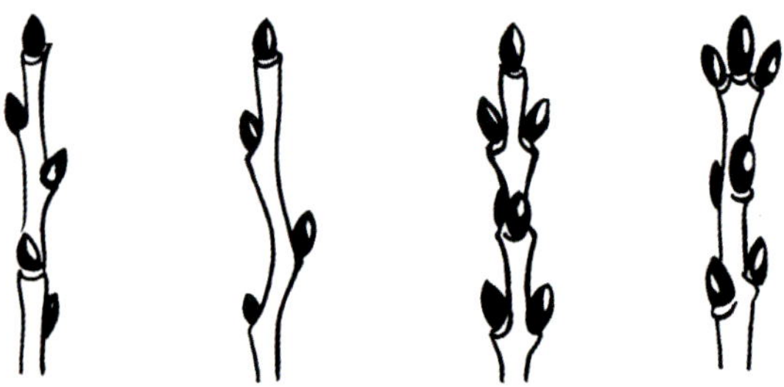

Die reizvollste und zugleich sicherste Art der Baumbestimmung ist, verschiedene Merkmale, wie etwa die Baumgestalt oder die Rindenstruktur, die Blatt- oder Knospenform zu kombinieren und mit diesen „Indizien" auf die Baumart zu schließen. Diese kleinen Detektivspiele öffnen uns die Augen für die vielfältigen Farben und Formen in der Natur. So können eine kleine Knospe oder eine aufbrechende Buchenknospe wahre Kunstwerke der Natur darstellen, wenn man sich nur einmal die Zeit nimmt, sie genau zu betrachten. Es ist am Anfang wirklich nicht wichtig, beispielsweise die einzelnen Ahorn- oder Eichenarten unterscheiden zu können.

Sich entfaltendes Buchenblatt.

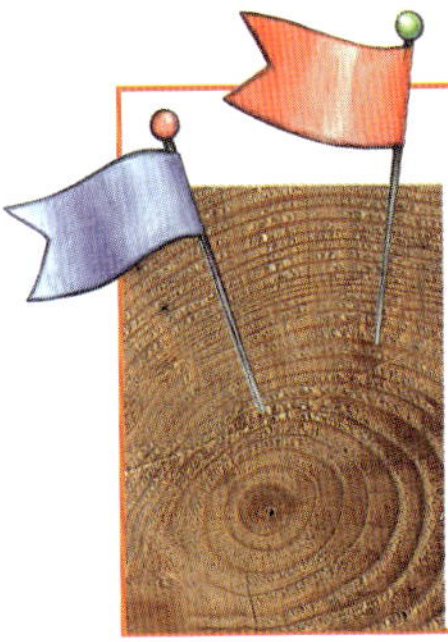

Unternehmung

Der Baumstamm zeigt Geschichte:

Beim Nadelholz lassen sich die Jahresringe sehr gut erkennen. Gefällte Bäume am Wegesrand fordern Kinder geradezu auf, das Baumalter durch das Zählen der Jahresringe zu ermitteln. Jedes Familienmitglied kann den Jahresring suchen, der in seinem Geburtsjahr entstanden ist und ihn mit einer Stecknadel markieren.

Unternehmung

Ein Baum als Freund:

In unserer näheren Umgebung können wir auch einzelne Bäume als treue Freunde das ganze Jahr über im Auge behalten und vielleicht sogar eine Sammlung von kleinen Zweigen, Blättern sowie Früchten und Samen anlegen. Mit Fotos von den einzelnen Bäumen, die in einen Bastelkalender geklebt werden, entsteht dann schnell ein tolles Geschenk für Oma und Opa.

Unsere häufigsten Laubbäume

Die Rotbuche

Die Rotbuche kann bis zu 40 m Höhe und einen Stammumfang von 6 m erreichen. Der Stamm ist sehr gleichmäßig und oft astfrei bis zu einer Höhe von 8 bis 12 m. Ihre glatte, silbrig glänzende Rinde behält sie ihr ganzes Leben. Das helle Holz der Buche ist sehr hart und vielseitig verwendbar. In Mitteleuropa ist die Buche von Natur aus die vorherrschende Baumart. Die Jungbäume sind sehr schattenverträglich und können jahrelang unter dem dichten Kronendach der Altbäume überdauern.

Spitze Knospen, die tatsächlich stechen

Eiförmige Blätter

Die Bucheckern mit den stacheligen Hüllen

Die Eichen

(Stiel- und Traubeneiche)

Eichen können bis zu 50 m Höhe erreichen und über 1000 Jahre alt werden. Die Unterscheidung der beiden Eichenarten ist schwierig: Die Traubeneiche wächst eher auf trockenen Böden, die Stieleiche auch auf nässeren Standorten, wie z. B. im Auwald. Ihr lichtes Kronendach lässt viel Licht auf den Waldboden. Ihre Blätter und der Stamm enthalten Gerbsäure, die das Eichenholz sehr widerstandfähig macht. Die Blätter der Eiche sind dadurch viel schwerer zersetzbar als die von anderen Laubbäumen.

Gelappte, eingebuchtete Blätter

In Hütchen sitzende Eicheln

Rundliche Knospen, traubenförmig angeordnet

Die Linden

(Winter- und Sommerlinde)

Die Linde hat sehr verschiedene Wuchsformen. Im dichten Waldbestand wächst sie gerade nach oben und liefert so wertvolles Stammholz. Im Freistand dagegen bildet sie eine weit ausladende Krone. Um Höhen von 40 m zu erreichen, braucht sie tiefgründige, sehr nährstoffreiche Böden. Ihr Holz ist sehr weich und wird gerne zu Schnitzarbeiten verwendet. Lindenblüten sind Bestandteil von Naturheilmitteln. Sie werden von Bienen bestäubt und sind eine wichtige Nahrungsquelle.

Rundliche, rötliche Knospen, zweizeilig angeordnet

Kleine, kugelige Früchte mit Flügelchen, die vom Wind verbreitet werden

Die Ahorne

(Berg-, Spitz-, Feldahorn)

Von den drei Ahornarten ist der Bergahorn der Stattlichste. Er kann Höhen bis zu 40 m erreichen. Die farbenprächtigste Herbstfärbung hat der Feld- und Spitzahorn. Die Blüten werden gerne von Bienen aufgesucht. Das sehr helle Holz des Bergahorns ist als Möbelholz sehr begehrt. Junge Bäumchen wachsen manchmal in großer Zahl auf dem Waldboden (pro Quadratmeter 100 und mehr Sämlinge). Sie haben ein sehr rasches Jugendwachstum und können bis zu 1 m pro Jahr an Höhe zulegen.

Fünflappige Blätter

Typische Flügelfrüchte für die Windverbreitung

Rundliche Knospen, die immer im rechten Winkel zueinander angeordnet sind (gegenständig)

Die Birke

Die Birke ist die einzige Baumart, deren weiße Borke so unverwechselbar ist, dass sie schon von weitem zu erkennen ist. Ihre Krone mit den filigran herabhängenden Ästen ist ebenfalls sehr typisch. Birken sind sehr anspruchslos und können sowohl auf sehr trockenen als auch sehr nassen Böden wachsen. Durch ihre Frosthärte kommen sie bis in den hohen Norden vor. Ihr Holz wird in feine Schichten geschält und dann zu Sperrholz zusammengeleimt. Die Blätter haben Inhaltsstoffe, die in Heiltees verarbeitet werden.

Typische Kätzchenblüten

Kleine Knospen, wechselständig

Dreieckige, gezähnte Blätter

Die Hainbuche

Die Hainbuche wird wegen ihrer glatten Rinde und der ähnlichen Blätter oft mit der Rotbuche verwechselt. Sie sie ist jedoch eher mit der Haselnuss verwandt. Ihre zweifarbigen Knospen, die viel weicheren Blätter und der unregelmäßige Stamm sind eindeutige Unterscheidungsmerkmale. Hainbuchenholz ist das härteste einheimische Holz. Früher war die Hainbuche eine wichtige Baumart für die Brennholzgewinnung, da sie wie die Linde nach der Nutzung wieder austreibt, ohne dass sie neu gepflanzt werden muss. Die bereits vorhandenen Wurzeln ermöglichen den Schösslingen in den ersten Jahren des Neuaustriebes ein imposantes Wachstum.

Früchte: Geflügelte Nüsschen hängen in traubenförmigen Gebilden herab.

Weiche Blätter, nicht glänzend wie bei der Rotbuche; Blattnerven setzen sich von Blattoberfläche ab; Blattrand gezähnt

Knospen zweifarbig, zweizeilig angeordnet

Die Vogelbeere

Die Vogelbeere ist neben der Birke die anspruchsloseste Baumart, die als niedriger Strauch auch noch an der Waldgrenze in den Gebirgen und im Norden Skandinaviens vorkommt. Wegen ihrer Vitamin-C-reichen Früchte wird sie auch „Zitrone des Nordens" genannt. Darüber hinaus sind die Beeren ein wichtiger Proviant für durchziehende Drosseln und Finken, die die unverdaulichen Samenkörner mit ihrem Kot verbreiten. Die Vogelbeere ist durch ihre Frosthärte ein sogenannter Pionierbaum, der Erdrutsche, Waldbrand- oder Sturmwurfflächen als Erster wieder besiedeln kann. Erst unter ihrem Schirm können dann empfindlichere Arten, wie Buche oder Eiche, nachwachsen.

Große, filzige, dunkelviolette Knospen

Paarweise gefiederte Blättchen, 10 bis 20 cm lang

Rote Früchte im September

Die Vogelkirsche

Die Vogelkirsche ist eine sehr licht- und wärmeliebende Baumart, die vor allem am Waldrand und in lichten Eichenwäldern vorkommt. Sie ist die Stammform unserer Süßkirsche und liefert sehr wertvolles Holz für die Möbelindustrie. Ihr Stamm mit gerollten Rindenstücken ist bei älteren Kirschen sehr typisch. Sie ist eine kurzlebige Baumart, die meist „nur" 100 Jahre alt werden kann und im höheren Alter einen hohlen Stamm aufweist.
Die Fruchtkerne sind eine beliebte Nahrung des Kernbeißers – unserer größten Finkenart (siehe Seite 54).

Weiße Blüten

Gesägte, längliche Blätter mit Spitze

Unsere häufigsten Nadelbäume

Ausgehend von der Entwicklungsgeschichte sind Nadelbäume die Vorgänger der Laubbäume. Am markantesten unterscheiden sie sich von den Laubbäumen durch ihre Nadeln und Zapfen. Die Nadeln dienen ebenso wie die Blätter der Laubbäume der Fotosynthese. Die Zapfen sind sozusagen die Samenbehälter. In ihnen finden sich die stecknadelkopfgroßen Samen, die mit kleinen Flügeln bestückt sind. Erst wenn die Samen reif sind, öffnen sich die Zapfenschuppen und die eigentlichen Samenkörner mit Flügelchen fallen heraus und werden vom Wind verbreitet.

Nadelbäume können auch im Winter einfach erkannt werden.

Auch der Pollen (= männlicher Blütenstaub) wird vom Wind transportiert. Da diese Art von Bestäubung nicht so gezielt funktioniert wie die Insektenbestäubung, gehen die meisten Pollen verloren. Die Nadelbäume produzieren daher in Abständen von mehreren Jahren große Mengen an Pollen. Dieser lagert sich dann als schwefelgelbe Staubschicht auf Autos und Fensterbrettern ab. Der Volksmund spricht in dem Zusammenhang auch vom „Schwefelregen". Auch in Sedimenten von Seen oder im Gletschereis setzen sich die fehlgegangenen Pollen ab und werden konserviert. Forscher gewinnen so wertvolle Aufschlüsse über die Vegetation in längst vergangenen Zeiten.

Die Kiefer

Die Kiefer erreicht Höhen bis zu 40 m und ist der anpassungsfähigste Nadelbaum. Sie kann mit sehr wenig Wasser auskommen, wächst jedoch auch in Mooren, wo es anderen Baumarten schon wieder zu nass ist.
Die Kiefer kann bis zu 300 Jahre alt werden und ist neben der Fichte der wichtigste Forstbaum Europas. Sie bildet rötliches Kernholz aus, das eine Unterscheidung zum Fichtenholz ermöglicht. Das Holz ist sehr vielseitig verwendbar. Jungtriebe und Nadeln enthalten ätherische Öle, die als Grundlage für verschiedene Heilmittel dienen.

Kleine, eiförmige Zapfen

Paarweise Nadeln wachsen aus einer Blattscheide.

Schlanker, gerader Wuchs; Äste weisen etwas nach unten

Die Tanne

Die Tanne kann über 50 m hoch und über 500 Jahre alt werden. Von Natur aus kommt sie in mittleren Höhenlagen des Bergmischwaldes vor. Sie verträgt in der Jugend sehr viel Schatten und kann jahrzehntelang im Schatten überdauern. Sowie sich aber ein Lichtschacht auftut, wächst sie nach oben und bildet eine mächtige Krone aus. Die Tanne ist gegenüber Luftschadstoffen sehr empfindlich und ist deshalb in ihrem Bestand stark gefährdet. Am Anfang verlieren die geschädigten Tannen allmählich ihre Nadeln. Nach jahrelangem Kümmern sterben sie schließlich ganz ab.

Waagerechte Nadelreihen an den Zweigen; keine Nadelhöckerchen wie bei der Fichte; Zapfen aufrecht stehend, fallen nicht als ganzes, sondern einzeln als Zapfenschuppen vom Baum

Schlanker, gerader Wuchs; Äste waagerecht oder sogar etwas nach oben gebogen

Weiche Nadeln, flach, mit zwei weißen Streifen auf der Unterseite

Die Fichte

Die Fichte kann eine Höhe von bis zu 60 m erreichen. Das ist der Rekord bei unseren Bäumen. Sie kommt von Natur aus nur in den Hochlagen der Gebirge und in der Taiga Nordeuropas vor. Mitunter wird sie über 200 Jahre alt.
Wegen ihres vielseitig einzusetzenden Holzes ist die Fichte der wichtigste Forstbaum in Mitteleuropa, wobei der Anbau in Monokulturen auch Risiken birgt. Durch ihr sehr flaches Wurzelsystem ist sie stark windwurfgefährdet. In Kombination mit Laubholz lassen sich jedoch sehr ertragreiche und stabile Wälder heranziehen.

Stechende, rundliche Nadeln rund um die Zweige

Die Ästchen haben raspelartige Nadelhöckerchen, die gut zu erfühlen sind.

Die länglichen Zapfen hängen nach unten.

Schlanker, gerader Wuchs; Äste weisen etwas nach unten

Die Lärche

Die Lärche ist der einzige Nadelbaum, der seine Nadeln im Herbst abwirft. Ihre ursprünglichen Lebensräume sind die unwirtschaftlichen Hochlagen der Alpen und Karpaten. Sie ist eine schnell wachsende Pionierbaumart, deren winzige Samen am besten auf unbewachsenem Boden keimen. Durch ihre Frostunempfindlichkeit ist sie zur Aufforstung von Kahlflächen sehr gut geeignet. Lärchenholz ist sehr widerstandsfähig und aufgrund des sehr schönen dunkelroten Kernholzes ein sehr begehrtes Schreinerholz.

Kurze Nadeln, die in Büscheln angeordnet sind

Blüht im April, bildet sehr kleine rundliche Zapfen aus

Schlanker, gerader Wuchs, Äste waagerecht oder sogar etwas nach oben gebogen

Unternehmung

Der Wald im Blumentopf:

Die Zapfen der Nadelbäume sind sehr interessante Gebilde. Die verholzten Schuppen sind spiralförmig um die Spindel angeordnet und dienen als Schutz für die darunter reifenden Samenkörner. Erst wenn die Samen reif sind, spreizen sich durch die Wärme der Sonne die Schuppen nach außen und entlassen die geflügelten Samen. Das Spreizen der Schuppen lässt sich auslösen, indem man reife Zapfen mit nach Hause nimmt und sie in einem Karton auf die Heizung stellt. Bald wird man die Veränderung feststellen und auch die geflügelten Samen am Kartonboden entdecken können. Aber Vorsicht, viele am Waldboden liegende, noch geschlossene Zapfen wurden von Insekten schon vor der Reife „geplündert“. Am besten ist es, sich Zapfen von gefällten Bäumen zu nehmen. Die Samen können wir dann in Blumentöpfen zusammen mit Orangen- und Zitronenkernen säen (einheimische Laubbäume gehen sehr rasch wieder ein) und schon bald entsteht ein Miniaturmischwald. Gießen nicht vergessen!

Unternehmung

Wie alt ist unser Weihnachtsbaum?

Das Alter von jüngeren Fichten lässt sich sehr gut anhand der Astkränze bestimmen. Jedes Jahr kommt ein Kranz dazu. Allerdings müssen ca. fünf Jahre für die Zeit als Sämling und Kleinstbaum dazugerechnet werden. Selbst wenn die unteren Äste bereits abgefallen sind, kann man anhand der Astnarben immer noch die einstigen Astkränze erkennen.

Erst wenn die Astnarben durch neu gebildetes Holz vollständig überwallt sind, produziert der Baum an dieser Stelle astfreies Holz, das sehr begehrt ist. Abgestorbene, aber am Stamm verbleibende Äste werden wie Fremdkörper umwachsen. Befindet sich ein solcher Ast in einem Brett, so fällt er während der Trocknung des Holzes heraus. Übrig bleibt ein typisches Astloch. Lebende Äste dagegen sind mit dem Stammholz fest verwachsen.

Unsere häufigsten Sträucher

Sträucher findet man vor allem am Waldrand, an Wegrändern und kleinen Lichtungen im Wald. Sie wachsen je nach Licht- und Nährstoffangebot sehr unterschiedlich. Darum muss man bei ihnen ganz genau hinsehen, um sie richtig zu bestimmen.

Auf Sträuchern leben sehr viele Insekten, die aber gar nicht so einfach zu entdecken sind. Sträucher wie die Heidelbeere, die kaum höher als 50 cm werden, bezeichnet man als Zwergsträucher. Sie kommen meist auf nährstoffarmen Böden vor.

Die Haselnuss

Die rundlichen Blätter mit kleiner Spitze fühlen sich weich und wollig an. Die Hasel blüht sehr zeitig noch vor dem Austrieb im Frühjahr. Die charakteristischen Kätzchen sind männliche Blüten. Die winzigen roten weiblichen Blüten an den Knospenspitzen sind unter der Lupe wunderschöne Gebilde.

Der Holunder

(Schwarzer Holunder, Traubenholunder)

Der Blattaustrieb beginnt sehr bald im März/April. Die wunderschönen Doldenblüten gibt es im Mai/Juni. Der Holunder liebt nährstoffreiche Böden. Dort kann er bis zu 7 m hoch werden. Die roten Früchte des Traubenholunders sind für uns nicht genießbar.

Das Heidekraut

Der von Juli bis September blühende Zwergstrauch gedeiht auch noch auf den ärmsten Sandböden. Er kommt in ausgedehnten Teppichen unter lichten Kiefern- und Eichenwäldern vor. Die Blüten werden von Bienen bestäubt. Die Samen werden vom Wind verbreitet. Das Heidekraut ist eine alte Heilpflanze.

Die Heidelbeere

ist mit den blauschwarzen Beeren und den kantigen Zweigen unverkennbar. Sie ist ein Besiedler lichter Eichen- und Kiefernwälder auf nährstoffarmen, lockeren Sandböden. Als Heilpflanze hat sie ebenfalls eine lange Tradition. Ihre getrockneten Beeren helfen bei Durchfall. Tee aus den Blättern wirkt blutzuckersenkend.

Der Seidelbast

Der Seidelbast bevorzugt nährstoffreiche Kalkböden und blüht schon im März. Die wohlriechenden Blüten sitzen direkt am Stamm. Alle Teile der Pflanze enthalten das Gift Mezerin, das als Heilmittel gegen Rheuma gilt. Der Seidelbast ist streng geschützt, da Naturfrevler ihn immer wieder für den eigenen Garten ausgraben.

Bodenpflanzen des Waldes

Frühblüher

Bereits Anfang März findet man in Laubwäldern an sonnigen Südhängen die ersten Frühblüher. Durch die eingelagerten Vorratsstoffe in ihren Wurzeln oder den eigens dafür vorgesehenen Zwiebeln oder Knollen können sie schon lange vor den Bäumen austreiben und ihre Blüten bereits vor den Blättern ausbilden. Für die aus der Winterruhe erwachenden Bienen sind sie neben der Haselblüte die erste Nahrungsquelle. Dafür werden die Blüten von den Bienen bestäubt.

Viele Frühblüher sind Heilkräuter.

Als erstes frisches Grün wären die Frühblüher ein gefundenes Fressen für das Wild. Um sich davor zu schützen, bilden viele von ihnen giftige Inhaltsstoffe aus. Gerade diese Stoffe können für den Menschen heilende Wirkung haben. Schon der Name einiger Frühblüher, wie Leberblümchen oder Lungenkraut, lässt auf ihre Verwendung als Heilkräuter schließen.

Die Veilchen-Ameisen-Verbindung

Die Samen von Veilchen oder auch von dem Lerchensporn haben nahrhafte Anhängsel, die als Köder für Ameisen dienen. Sie werden deshalb von den Ameisen zum Bau transportiert. Nachdem die „Fresspakete" der Veilchensamen verzehrt sind, werden die ungenießbaren Samen aus dem Bau geschafft und in der Nähe des Baus entsorgt. Da Veilchen lichte Stellen lieben und Ameisen ihre Bauten auch an sonnigen Orten anlegen, kommen so die Veilchensamen an den richtigen Ort.

Buschwindröschen

Leberblümchen

Scharbockskraut

Bärlauch

Waldveilchen

Märzenbecher

Waldprimel

Frühlingsblatterbse

Lerchensporn

Akelei

Fingerhut

Springkraut

Türkenbund

Einbeere

Weidenröschen

Johanniskraut

Geflecktes Knabenkraut

Walderdbeere

Moose

sind sehr ursprüngliche Pflanzen mit einfachem Aufbau. Weil sie keinen Schutz gegen Austrocknung haben, kommen sie vor allem in feuchten, schattigen Wäldern vor. Trockenzeiten überleben sie ohne abzusterben. Bei Regen entfalten sic sich dann wieder und speichern große Mengen Wasser. Sie kommen mit sehr wenig Licht aus und können noch in den dunkelsten Fichtenwäldern existieren.

Pilze

sind Pflanzen ohne Chlorophyll, die Grundlage für die Fotosynthese. Um Nährstoffe zu erhalten, gehen sie Symbiosen (Zweckgemeinschaften) mit Bäumen ein: Die Pilze bekommen nahrhaften Baumsaft und erleichtern dafür mit ihrem unterirdischen Geflechten den Bäumen die Wasseraufnahme aus dem Boden. Was wir als Pilz bezeichnen, ist oft nur der oberirdische Fruchtkörper.

Farne

waren die ersten Pflanzen, die vor 350 Millionen Jahren das Festland besiedelten. Sie bilden keine Blüten aus, sondern vermehren sich über Sporen, die als kleine schwarze Häufchen an der Blattunterseite zu entdecken sind. Unsere häufigste Farnart ist der Wurmfarn. Daneben kommt stellenweise auch der bis zu zwei Meter hohe Adlerfarn in üppigen Beständen vor.

Flechten

sind eine Wohngemeinschaft aus Alge und Pilz. Algen kommen alleine nur im Wasser vor und sind empfindlich gegen zu intensives Licht und Hitze. Davor beschützt sie der Pilz. Als Gegenleistung liefert die Alge dem Pilz Nährstoffe, die sie als grüne Pflanze mittels der Fotosynthese gewinnen kann. Flechten wachsen an Bäumen oder am Waldboden. Einzelne Flechtenarten lassen auf die Luftqualität ihres Standortes schließen!

Spezialitäten aus dem Wald

Im Wald wachsen viele Kräuter, aus denen leckere Speisen zubereitet werden können.

Frühjahrsgemüse

Geschmacksprägend bei diesem Gericht ist das leicht nussartige Aroma der Huflattichblätter.

Zutaten: 1 – 2 Zwiebeln, 1 kg Blättergemisch aus jungen Huflattichblättern (der weiße, spinnwebenartige Filz über der Blattoberseite muss noch erkennbar sein), zarten Brennnesseln und Scharbockskrautblättern (müssen vor der Blüte geerntet werden)

Zubereitung: Der Huflattich wird gewaschen, entstielt und in feine Streifen geschnitten. Die Brennnesseln werden abgebrüht, damit sie nicht mehr brennen, und grob gehackt. Die Zwiebeln würfeln, in Butter andünsten, mit etwas Gemüsebrühe auffüllen und die Gemüsemischung darunter rühren. 1 EL Mehl mit 1/8 Liter Sahne mischen, dazugeben und kurz andicken lassen. Das fertige Gemüse mit Salz und Pfeffer abschmecken und mit gerösteten Sonnenblumenkernen überstreuen.

Bärlauchpesto

Der Bärlauch wächst in manchen Laubwaldgebieten Ende März in großen Beständen. Er ist dort so häufig anzutreffen, dass seine Blätter vor Blütenbeginn bedenkenlos geerntet werden können, um ein wohlschmeckendes Bärlauchpesto daraus zu machen. Der typische knoblauchartige Geruch der Blätter ist ein zuverlässiges Unterscheidungsmerkmal zu den ähnlichen, aber sehr giftigen Blättern von Herbstzeitlose und Maiglöckchen. Nach gründlichem Waschen werden die Blätter klein geschnitten, mit Sonnenblumenöl aufgefüllt und Kräutersalz, geriebene Haselnüsse sowie Körner vom Parmesan dazugegeben. Schmeckt sehr gut zu Nudeln oder einfach nur aufs Butterbrot.

Waldmeisterbowle

Ab Ende April wächst in halbschattigen Buchenwäldern der Waldmeister. Vor und während des Aufblühens ist der beste Sammelzeitpunkt. Die Ernte sollte mehrere Stunden getrocknet werden. Dabei bilden die Blätter Cumarin, das den typischen Waldmeistergeschmack verursacht. Zwei oder drei Waldmeisterstengel werden in einen Liter Apfelsaft gehängt. Nach ein bis zwei Stunden kann der aromatisierte Saft mit kaltem Mineralwasser getrunken werden.

Holunderlimonade

Ende Mai sammeln wir im Wald oder am Waldrand mehrere frische aufgeblühte Blütendolden des schwarzen Holunders. Daheim werden sie in einer Glaskanne mit einem Liter Zuckerwasser (zwei Teelöffel Zucker genügen) aufgelöst. Dazu kommen zwei ungespritzte Zitronenscheiben. Mit einem Tuch abgedeckt muss die Limonade ein paar Stunden in der Sonne ziehen. Wieder abgekühlt, wird sie durch ein feines Sieb in Gläser gegossen und genossen.

Buchenblattsalat

Mit frisch ausgetriebenen Buchen- und Lindenblättern lassen sich mit Essig und Öl ein leckerer Salat zubereiten oder aber auch mitgebrachte Butterbrote belegen. Die Buchenblätter schmecken leicht säuerlich, Lindeblätter sind sehr mild und leicht nussig. Die beste Zeit dafür ist Anfang Mai. Denn schon kurze Zeit nach dem Austreiben lagern die Blätter immer mehr Bitterstoffe ein – eben genau, um zu verhindern, dass sie zu schmackhaft sind.

Die Tierwelt des Waldes

Im Ökosystem des naturnahen Waldes kommen viele Tierarten vor. Durch die mannigfaltige Pflanzenwelt, die Bäume in ihren verschiedenen Altersstufen und das abgestorbene Holz bieten sich vielfältige Lebensbedingungen. Die einzelnen Arten mussten sich im Laufe der Entwicklungsgeschichte ökologische Nischen erobern. Es gibt im Wald beispielsweise viele Pflanzenfresser, die sich von den verschiedenen Pflanzenteilen wie Blättern, Nadeln oder Knospen ernähren. Von diesen leben wiederum die Fleischfresser. Alle Tiere eines Ökosystems stehen untereinander in Beziehung, was sich in Form einer Nahrungspyramide schematisch darstellen lässt (siehe Seite 47).

Am Ende einer Nahrungskette steht der Sperber.

Am Boden einer solchen Pyramide stehen die Pflanzenfresser. Sie müssen zahlenmäßig viel häufiger vorkommen als die Fleischfresser, die von ihnen leben. So gibt es im Wald wesentlich weniger Singvögel als blattfressende Raupen. An der Spitze der Nahrungspyramide stehen Raubtiere, wie der Fuchs oder der Habicht. Sie kommen in vergleichsweise geringer Dichte vor, weil bereits die Zahl ihrer Beutetiere relativ niedrig ist.

Genau betrachtet leben also auch Fleischfresser, wie Fuchs oder Habicht, von Pflanzen und damit von Sonnenenergie. Wenn Tiere nicht gefressen werden, sterben sie doch irgendwann einmal. Das ist die Stunde der Kleinlebewesen oder Aasfresser, wie des Totengräbers (einer Käferart). Die tote Biomasse von Tieren und Pflanzen, die anfangs aus dem Boden und der Luft aufgenommen wurde, wird über viele

Die Nahrungspyramide

**Raupe frisst Blatt,
Kohlmeise frisst Raupe,
Sperber frisst Kohlmeise.**

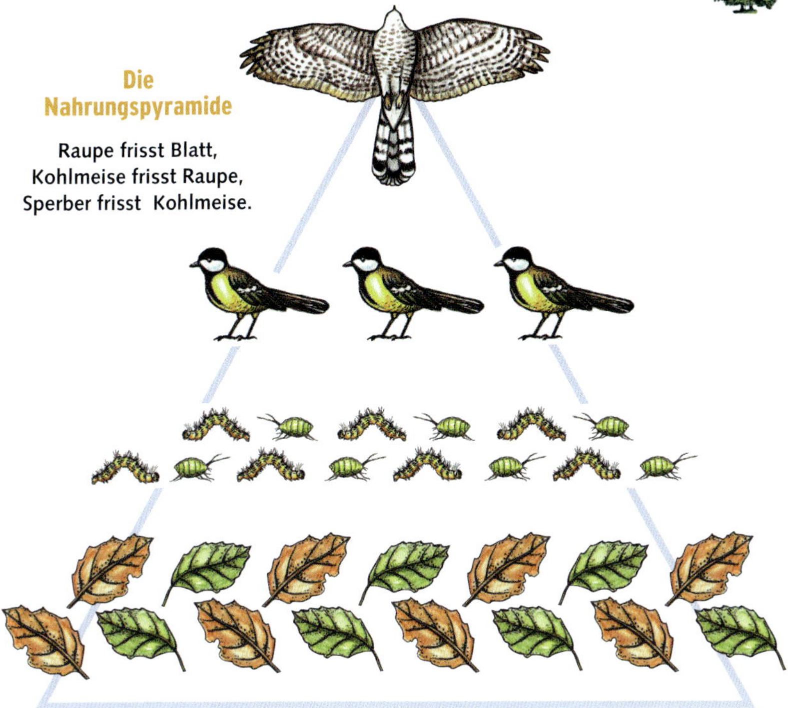

Zwischenschritte wieder in ihre Einzelbestandteile zerlegt. Damit schließt sich ein Kreislauf, der sich immer während wiederholt.

Viele Wechselwirkungen und Abhängigkeiten zwischen den Waldtieren sind noch überhaupt nicht erforscht. Sicher ist nur, dass das Verschwinden einer Art immer auch vielfältige Auswirkungen auf die ganze Lebensgemeinschaft mit sich bringt. Bestände einzelner Tierarten unterliegen aber auch von Natur aus großen Schwankungen. Deshalb muss der Begriff des ökologischen Gleichgewichts als ein Pendeln um einen theoretischen Mittelwert verstanden werden, der in Wirklichkeit nur selten erreicht wird.

Säugetiere im Wald

Die meisten Säugetiere des Waldes sind in freier Wildbahn nur sehr schwer zu beobachten. Um die Tiere doch einmal in aller Ruhe sehen zu können, lohnt sich ein Besuch im Zoo oder Wildpark. Wer dennoch Tierbeobachtungen in der Natur gezielt unternehmen möchte, sollte sich am frühen Morgen oder am Abend mit einem lichtstarken Fernglas an eine kleine Lichtung im Wald setzen und sich ruhig verhalten. Nur mit einer bequemen Sitzgelegenheit und warm angezogen kann man mehrere Stunden still sitzen! Erst dann hat man am ehesten die Gelegenheit, scheue Waldtiere zu beobachten. Vielleicht lässt sich auch Kontakt zu einem Förster oder Jäger aufnehmen, um ihn bei einem Ansitz zu begleiten.

Rehkitze sind nicht nur hervorragend getarnt, sondern haben auch fast keinen Eigengeruch. Dadurch ist regungsloses Verharren der sicherste Schutz vor Feinden.

Säugetiere hinterlassen aber auch verschiedene Spuren, von denen man auf das Vorkommen der einzelnen Arten schließen kann. Dies sind nicht nur Pfoten- oder Hufabdrücke in weichem Boden oder Schnee, sondern auch Fraßspuren, Lagerplätze und natürlich Kot. Es gibt im Wald überraschend viele Anzeichen für das Vorkommen der verschiedenen Tierarten.

Außer den nachfolgend beschriebenen Säugern leben noch verschiedene Arten von Spitzmäusen, Fledermäusen und Mäusen im Wald, die jedoch sehr schwer zu beobachten sind.

Das Reh

- Ernährt sich von jungen Trieben, Kräutern, Knospen und frischen Gräsern.
- Rehbock lebt einzeln, Ricke zusammen mit den meist zwei Kitzen.
- Kitze kommen im Mai/Juni zur Welt. Sie werden in den ersten Lebenstagen von der Mutter nur zum Säugen aufgesucht.
- Rehböcke markieren ihr Revier, indem sie sich mit ihrem Geweih am Stamm junger Bäumchen scheuern.
- Rehe kommen fast überall bei uns vor, selbst in größeren Stadtparks.
- Rehe sehen nicht besonders gut, hören und wittern dagegen umso besser.

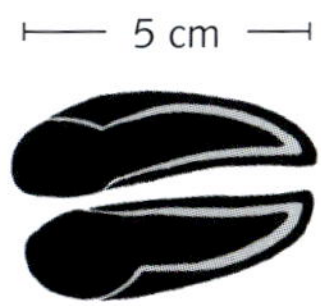

Der Rothirsch

- Unser größtes Waldsäugetier; das Männchen kann bis zu 200 kg schwer werden.
- Ernährt sich von Gras, Kräutern, Baumrinde, Baumtrieben und Früchten.
- Hirschkühe und Jungtiere leben in Familienverbänden (Rudeln) zusammen.
- Ältere Männchen entwickeln ein mächtiges Geweih, das sie im Herbst als Waffe bei den Paarungskämpfen (Brunft) einsetzen.
- Kommen in Deutschland nur noch in großen Waldgebieten, z. B. in den Alpen und Mittelgebirgen, vor.
- Rotwild ist sehr scheu, hört, sieht und wittert ausgezeichnet.

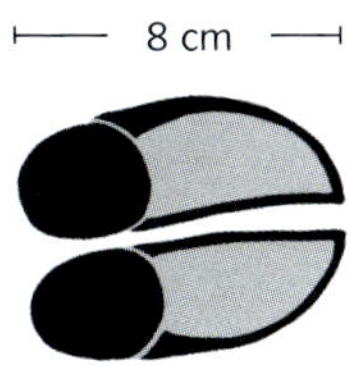

Das Wildschwein

- Unser schwerstes Waldsäugetier; das Männchen (Keiler) kann bis zu 300 kg schwer werden.
- Weibchen (Bachen) leben gemeinsam mit ihrem Nachwuchs (Frischlinge) in Familienverbänden (Rotten) bis zu 40 Tieren.
- Keiler sind Einzelgänger.
- Wühlen den Waldboden auf der Suche nach Mäusen und Insektenlarven um (Spuren!).
- Sind Allesfresser, ernähren sich überwiegend pflanzlich (Wurzeln, Früchte, Schnecken), aber auch von Tieren, Eiern oder Aas.
- Suhlen sich gerne in Schlammpfützen und scheuern sich anschließend an Bäumen (Spuren!).
- Sind sehr vorsichtig, hören und riechen ausgezeichnet.

15 cm

Der Fuchs

- Größtes „Raubtier" in unseren Wäldern (nachdem Wolf, Luchs und Bär ausgerottet sind).
- Ernährt sich von Kleintieren, wie Mäusen, verschiedenen Jungtieren, Aas sowie Beeren und Früchten; kommt auch gerne an Komposthaufen und frisst Küchenabfälle.
- Sehr anpassungsfähig, lebt sogar in Großstädten.
- Durchstreift sein Revier auf festen Wegen.
- Weibchen bringt bis zu acht Junge in einem meist selbstgegrabenen Erdbau zur Welt.
- Kotwürste (leicht zu erkennen an den darin enthaltenen Mäusehaaren oder Fruchtkernen) werden gerne auf Wegen, Grenzsteinen und Baumstümpfen zur Reviermarkierung abgelegt.
- Häufig findet man Grabspuren im Wald, wo ein Fuchs ein Mäusenest ausgegraben hat.

5 cm

Der Dachs

- Gehört zur Familie der Marder.
- Wird bis zu 25 kg schwer.
- Verbringt den Tag in seinem selbst gegrabenen Erdbau.
- Ernährt sich sehr vielseitig von Würmern, Schnecken, Eiern, Getreide und Obst.
- Nutzt auch Felder und Wiesen zur Nahrungssuche und gräbt seinen Bau in Hecken.
- Hat feste Wechsel (Pfade).
- Weibchen zieht bis zu fünf Junge im Erdbau auf.
- In der Nähe ihres Baus, den sie mit Gras auspolstern, scharren sie kleine Erdmulden als Klos.
- Am besten abends am Bau zu beobachten.
- Hält keinen Winterschlaf, sondern nur eine Winterruhe.

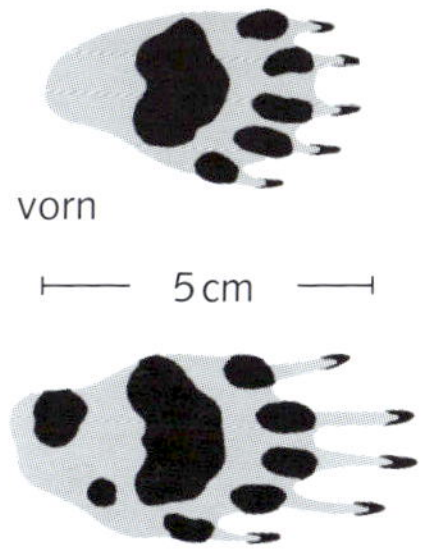

Das Eichhörnchen

- Gehört zu den Nagetieren.
- Lebt vorwiegend im Kronendach.
- Baut Baumnester, in denen es übernachtet und die Jungen aufzieht (Kobel).
- Beliebte Beute von Habicht und Baummarder.
- Ernährt sich überwiegend vegetarisch von Samen und Knospen, aber auch von Eiern und Jungvögeln.
- Typische Fraßspuren an Fichtenzapfen.
- Legt sich Wintervorräte mit Nüssen oder Eicheln an, von denen es den einen oder anderen vergisst.
- Unterliegt je nach Samenangebot starken Bestandsschwankungen.

Vom Eichhörnchen bearbeitete Zapfenreste

Vögel im Wald

Viele Waldvögel sind im Vergleich zu Säugetieren bei weitem einfacher zu beobachten, da sie meist tagaktiv sind und im Frühjahr durch ihren Gesang auf sich aufmerksam machen. Bei uns gibt es ca. 100 Vogelarten, die im Wald vorkommen. Durch ihre Flugfähigkeit können Vögel den insektenreichen Kronenraum optimal nutzen. Um sich beim Nahrungserwerb nicht in die Quere zu kommen, haben sich die einzelnen Vogelarten jedoch auf unterschiedlichste Weise spezialisiert. Manche Arten erbeuten Insekten im Flug. Andere sammeln sie von der Blattoberfläche in der Kronenschicht ab, wogegen Arten wie z. B. der Zaunkönig lieber am Waldboden nach Insekten suchen. Durch diese und noch viele weitere „Planstellen" können die einzelnen Arten nebeneinander existieren. Unser größter Waldvogel ist das seltene Auerhuhn mit einem Gewicht von ca. 6500 g, während die kleinste Art, das häufig vorkommende Wintergoldhähnchen, gerade einmal 5 g auf die Waage bringt.

Alleine nur im Wald leben über 100 Vogelarten. Die Klappergrasmücke ist eine davon.

Je mehr Vielfalt der Wald bezüglich Pflanzenarten, morschem Holz sowie Jung- und Altbäumen nebeneinander aufweist, desto mehr Vogelarten finden in einem Wald ihr Auskommen. Dieser Grundsatz wird zwar bei den Waldvögeln besonders deutlich, gilt aber für die gesamte Tierwelt in unseren Wäldern. Einige Waldvögel haben einen zweiten Lebensraum in Gärten, Parks und Friedhöfen gefunden. Vor allem busch- und bodenbrütende Singvögel wie der Buchfink, das Rotkehlchen oder die Amsel können diese Lebensräume aus Menschenhand bevölkern.

Wie sich Vögel im Wald beobachten lassen:

Es ist empfehlenswert, langsam einen Waldweg entlangzugehen und nach Vogelgesang zu lauschen. Mit einem Fernglas sucht man dann die Stelle ab, woher die Rufe kommen. Hat man einen Vogel entdeckt, sollte man in die Hocke gehen oder sich auf den Boden setzen (ein kleines Stück Isoliermatte leistet beste Dienste). So kann man das Fernglas auf die Knie stützen und erhält dadurch einen unverwackelten Sehgenuss. Ein willkommener Nebeneffekt ist dabei, dass Vögel gegenüber sitzenden Menschen zutraulicher sind als gegenüber stehenden, die für sie viel bedrohlicher wirken.

Wie kann man Vogelstimmen erlernen?

Rotkehlchen

Mit der Erfindung der CD ist das viel einfacher geworden, da aus der meist übergroßen Vielfalt einer CD ganz gezielt ausgewählt werden kann. Man sollte am Anfang wirklich nur zehn sehr häufige Arten, wie z. B. Rotkehlchen, Buchfink etc., einprogrammieren und nur diese immer wieder anhören. Dieser Trockenübung muss natürlich unmittelbar die Erprobung in freier Wildbahn folgen. Der beste Lernerfolg ist gegeben, wenn man einen Vogel beim Singen auch sehen kann. Dann prägt sich der Gesang sehr rasch ein. Es ist wirklich eine wunderschöne Erfahrung, wenn die ersten Gesänge richtig zugeordnet werden und die Art dann über die Sichtbeobachtung bestätigt wird. Für die ersten Versuche eignen sich gerade Stadtparks sehr gut, da die Vögel vertrauter sind. Vogelstimmen-Wanderungen werden oft von örtlichen Naturschutzgruppen angeboten.

Kohlmeise

Blaumeise

Goldhähnchen

Buchfink

Kernbeißer

Zaunkönig

Dompfaff

Singdrossel

Der Vogel, der im Winter brütet

Die Samen von Nadelbäumen sind sehr nahrhaft, da sie ca. 35 Prozent Fett enthalten. Auf diesen kalorienhaltigen „Knabberspaß“ hat sich der Kreuzschnabel, eine Finkenart, spezialisiert. Mit seinem überkreuzten Schnabel kann er die Zapfenschuppen auseinander spreizen und an die darunter verborgenen Samen gelangen. Anschließend beißt er die Flügel der einzelnen Samenkörner ab und frisst nur das nahrhafte Samenkorn. Am Waldboden findet man die abgebissenen Flügelchen und die eigentümlich bearbeiteten, leeren Zapfen. Sie lassen sich von Zapfen, die vom Buntspecht oder vom Eichhörnchen genutzt wurden, sehr einfach unterscheiden.

Die Samen der Nadelbäume sind schon im Winter reif, und die Zapfen öffnen sich dann an den ersten warmen Frühlingstagen. Um seine Jungen zum Zeitpunkt des größten Nahrungsangebotes aufziehen zu können, brütet der Kreuzschnabel bereits im Winter.

Beobachtung am Rande

Welcher Vogel mauert seine Haustür?

Der in älteren Wäldern häufig vorkommende Kleiber ist bei uns die einzige Vogelart, die kopfüber am Baumstamm hinunterlaufen kann. Sein Nest mit bis zu acht Eiern legt er in Spechthöhlen an. Um zu vermeiden, dass ihm größere Höhlenbrüter die auserkorene Höhle streitig machen, verkleinert er mit feuchtem Lehm das Einschlupfloch. Der enge Eingang ist gleichzeitig auch ein wirkungsvoller Schutz gegen Nesträuber, wie das Eichhörnchen oder den Buntspecht.

Eulen

Diese überwiegend nachtaktiven Beutegreifer sind mit äußerst scharfem Gehör und großen, nach vorne gerichteten Augen ausgestattet. Die Augäpfel der Eulen sind fast unbeweglich. Dies wird jedoch durch die Fähigkeit, den Kopf um fast 180° drehen zu können, ausgeglichen. Die ausgefransten Federkanten ermöglichen einen lautlosen Flug und sind ein eindeutiges Merkmal für die Unterscheidung zwischen Eulen- und Greifvogelfedern.

Eulen, wie dieser Rauhfußkauz, verschlingen im Gegensatz zu Greifvögeln ihre Beute als Ganzes. Im Gewölle sind deshalb Knochenreste enthalten.

Unter Sitzplätzen und unter Horstbäumen findet man oft sogenannte Gewölle von Greifvögeln oder Eulen. Gewölle sind walzenförmige Gebilde, die aus unverdaulichen Beuteresten bestehen und aus dem Magen hervorgewürgt werden. Eulen verschlingen im Gegensatz zu Greifvögeln ihre Beute als Ganzes. Die Gewölle enthalten daher auch Knochen der Beutetiere (meist Mäuse, aber auch Kleinvögel). Forscher können über die Gewölle genaue Rückschlüsse auf das Beutetierspektrum der Eulen ziehen. Die Existenz von seltenen Kleinsäugern in einem Gebiet kann sogar oftmals nur über die Knochenreste in Eulengewöllen nachgewiesen werden.

Eulengewölle mit kleinen Knöchelchen

Greifvogelgewölle ohne Knochen

Waldkauz

- Unsere häufigste Eulenart.
- Verbringt den Tag meist in Höhlen, in denen er auch brütet.
- Seine schaurigen *Kju-wik*-Rufe und die wohltönenden *Hu-hu-hu*-Rufe sind bereits im Dezember zu hören.
- Beginnt bereits im Februar mit der Brut.
- Jagt von Warten aus Mäuse und Kleinvögel, manchmal sogar Junghasen und Frösche.
- Legt Nahrungsvorräte an, um die Jungen auch tagsüber versorgen zu können.
- Bleibt auch im Winter in seinem angestammten Revier.

Waldohreule

- Schlanker als Waldkauz und typische Federohren.
- Kommt am Waldrand und in parkartigen Wäldern vor.
- Verbringt den Tag gut getarnt auf einem Baum sitzend.
- Nistet in alten Krähennestern.
- Ihre *Hu-hu-hu*-Rufe sind nicht so melodiös wie die des Waldkauzes.
- Ernährt sich von Mäusen, in schneereichen Wintern auch von Kleinvögeln.
- Jagt meist im Suchflug.
- Skandinavische Waldohreulen ziehen im Winter nach Mitteleuropa.

Greifvögel

Greifvögel sind äußerst geschickte Jäger. Ihr gesamter Körperbau ist auf den Beuteerwerb ausgerichtet. Am auffälligsten sind der kräftige Schnabel und die scharfen Krallen. Sie müssen sehr gute Flugfähigkeiten haben und auch sehr scharf sehen können. Die schnellsten und wendigsten Greifvögel sind die Falken. Von ihnen ist der kleine Baumfalke der Meisterjäger. Er kann sogar Schwalben und Mauersegler in der Luft erbeuten. Dabei erreicht er Geschwindigkeiten von über 200 km/h. Greifvögel, die im Wald jagen, müssen nicht nur schnell sondern auch sehr wendig sein. Diese Fähigkeit haben vor allem der Habicht und der Sperber.

Hakenschnabel und scharfe Augen sind Kennzeichen für Greifvögel wie den majestätischen Steinadler.

Manche Greifvögel nutzen verschiedene Lebensräume. So brüten der Rote Milan und der Mäusebussard zwar im Wald, aber ihre Nahrung erbeuten sie in der offenen Landschaft. Greifvögel sind wie wir Menschen die Endglieder der Nahrungskette. Vorhandene Umweltgifte konzentrieren sich im Organismus von Greifvögeln und können ihre Eier abtöten. So erging es beispielsweise dem Wanderfalken oder dem Seeadler mit dem Umweltgift DDT, das starke Bestandseinbrüche verursachte. Somit können Greifvögel auch eine Warnfunktion für uns Menschen haben, da sich auch in unserem Organismus diese Giftstoffe anreichern und unsere Gesundheit schädigen.

Greifvögel wurden lange Zeit von Jägern als Konkurrenten verfolgt und an den Rand der Ausrottung gebracht. Erst in jüngerer Zeit hat ein längst überfälliges Umdenken begonnen und auch den „Jägern der Lüfte" wird ein Existenzrecht zugesprochen.

Mäusebussard

- Unser häufigster Greifvogel mit einer Spannweite von 140 cm.
- Breite Flügel, runder Stoß, kurzer Hals.
- Gefiederfärbung von fast weiß bis sehr dunkel.
- Miauender Ruf sehr typisch.
- Jagt gerne auf Lichtungen und am Waldrand nach Mäusen.
- Nistet auf Bäumen.
- Anzahl der Jungen ist abhängig vom Mäuseangebot.
- Im Winter und bei Nahrungsmangel auch Aasfresser.
- Ist sehr oft im Freiland auf Wiesen und Feldern zu beobachten.
- Stundenlange Segelflüge im Frühjahr als Balzverhalten.
- Steht manchmal bei Gegenwind rüttelnd auf einer Stelle in der Luft.

Roter Milan

- Ein unverkennbarer Greifvogel mit gegabeltem Schwanz, Spannweite: 150 cm.
- Jagt in der offenen Landschaft nach Beutetieren bis zur Größe eines Kaninchens.
- Verfolgt andere Greifvögel wie Mäusebussarde und jagt ihnen die Beute ab.
- Frisst auch Aas, sucht deshalb regelmäßig die Straßen nach überfahrenen Tieren ab.
- Nistet auf Laubbäumen, verwendet zum Ausbau des Horstes auch Plastik- oder Papierfetzen.
- Zieht im Winter nach Südeuropa, kehrt schon im zeitigen Frühjahr zurück.

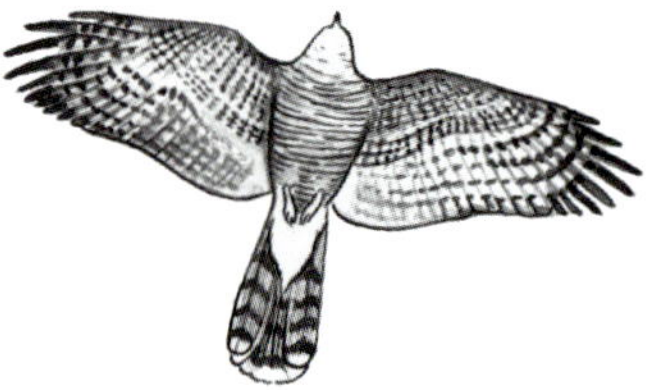

Habicht

- Helle Brust mit dunklen Streifen.
- Kurze runde Flügel, langer Schwanz für wendige Flugmanöver.
- Rasche Flügelschläge wechseln sich mit Gleitphasen ab.
- Alarmruf: *Gig-gig-gig.*
- Jagt Vögel und Säugetiere bis Tauben- und Kaninchengröße.
- Weibchen hat die Größe eines Mäusebussards; Männchen ein Drittel kleiner.
- Baut große Horste in den Kronen alter Bäume.
- Jagt auch in Dörfern und Städten nach Haustauben und Geflügel.
- Wird von Falknern zur Jagd auf Flugwild abgerichtet.

Sperber

- Dem Habicht sehr ähnlich, jedoch nur taubengroß.
- Sehr langer Stoß.
- Sehr schneller Flügelschlag mit längeren Gleitstrecken.
- Jagt Singvögel bis Drosselgröße und Kleinsäuger.
- Nistet in dichten Fichtenbeständen oder in hohen Büschen.
- Jagt das ganze Jahr über auch in Gärten.
- Sperber sind wie der Mensch sehr empfindlich gegenüber Umweltgiften. Die Untersuchung von abgestorbenen Sperbereiern gibt wertvolle Aufschlüsse über die Giftbelastung seines Lebensraumes.

Die Doppelgänger Habicht und Sperber

Habicht und Sperber sind für ungeübte Beobachter nur schwer zu unterscheiden. Macht aber nichts! Man sollte sich schon glücklich schätzen, einmal ihren Jagdflug zu erleben. Gerade an diesem Verhalten kann man die beiden Arten sehr gut vom Bussard unterscheiden. Denn Singvögel wissen ganz genau, mit wem sie es zu tun haben. Bei Habichten und Sperbern geben sie sofort Alarm, bei dem für sie ungefährlichen Bussard nicht. Diese aufgeregten Alarmrufe begleiten die Greifvögel bei ihren Jagdflügen. Oft lässt sich ein herannahender Habicht oder Sperber durch dieses Verhalten der Waldvögel bereits erahnen.

Die unterschiedliche Größe von Weibchen und Männchen bei Sperber und Habicht ist eine perfekte Anpassung an das Beuteangebot in ihrem Jagdrevier. Vor allem während der Brutzeit und Jungenaufzucht, in der besonders viel Beute erforderlich ist, ist das von Vorteil. Die wendigeren Männchen erbeuten Singvögel und Nagetiere, während die Weibchen größere Tiere wie Tauben und sogar Hasen überwältigen können.

Wie kann man von Federresten darauf schließen, ob ein Vogel von einem Greifvogel oder von einem Raubtier, wie Fuchs oder Marder, geschlagen wurde? Dazu muss man sich einzelne Federn genau ansehen. Wenn die Federkiele unbeschädigt sind, war es ein Greifvogel, da er die Federn einzeln herausrupft. Wenn die Federkiele zerbissen sind, war es ein Raubtier.

Anhand der Federreste kann man erkennen, ob der Vogel von einem Greifvogel oder einem Fuchs geschlagen wurde.

Rupfung durch einen Habicht: der Federkiel bleibt ganz

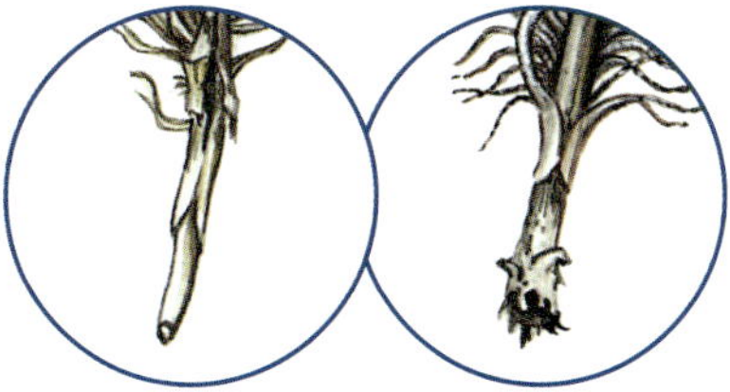

Vogel von einem Fuchs gerissen: der Federkiel ist abgebissen

Spechte

Diese hochspezialisierten Klettervögel haben als gemeinsames Merkmal sehr kräftige Kletterfüße und einen kräftigen Meißelschnabel. Der besondere Schnabel dient der Bearbeitung von morschem Holz und hilft bei der Nahrungssuche nach Insektenlarven sowie bei dem Zimmern der Bruthöhle. Sie besitzen eine sehr lange, klebrige Zunge mit kleinen Widerhaken an der Spitze, um in Gängen lebende Insektenlarven erbeuten zu können. Spechte haben neben artspezifischen Rufen noch eine Art der Verständigung erfunden – das Trommeln. Dabei hämmern sie in schneller Folge gegen trockenes Holz und erzeugen damit weithin hörbare Geräusche, die der Reviermarkierung dienen. Alle Spechte fliegen wellenförmig mit schnellen Flügelschlägen.

Der Meißelschnabel des Schwarzspechts ist ein ideales Werkzeug zum Höhlenbau.

Durch die Art ihres Nahrungserwerbes hinterlassen sie häufig einfach zu entdeckende Hackspuren am morschen Holz. Diese Holzbearbeitung fördert die Zersetzung des Holzes und somit den rascheren Abbau.

Spechte haben durch ihren Höhlenbau eine Schlüsselfunktion im Wald. Diese Höhlen werden von einer großen Zahl von Folgebesiedlern, wie beispielsweise Meisen, Kleibern, Fledermäusen, Hornissen oder der Hohltaube, bewohnt. Deshalb müssen solche Höhlenbäume auch im Wirtschaftswald unbedingt erhalten werden. Nistkästen sind oftmals nur ein schlechter Ersatz und werden von manchen Arten gar nicht angenommen. Spechte benutzen Höhlen auch ausserhalb der Brutzeit als Schlafplätze, weil sie dort vor Feinden und der Kälte gut geschützt sind.

Grünspecht

- Vor allem in Waldrandnähe und in größeren Obstgärten zu beobachten.
- Er ernährt sich von Ameisen und deren Eiern, die er mit seiner 10 cm langen, klebrigen Zunge vom Boden aufliest
- Hinterlässt oft Grabspuren an Ameisenhaufen.
- Seine lachenden *Glück-glück*-Rufe sind sehr typisch.
- Sucht auch auf Rasenflächen nach Nahrung.
- Legt seine Höhlen gerne in morschen Obstbäumen oder Birken an.

Schwarzspecht

- Größter einheimischer Specht mit 45 cm Länge.
- Baut seine sehr großen Höhlen vor allem in Rotbuchen, aber auch in Kiefern und Fichten.
- Typische *Kri-kri-kri*-Fluglaute und *Kliöh*-Rufe bei der Landung.
- Hackt an alten Baumstümpfen oder vom Borkenkäfer befallenen Nadelbäumen (sehr auffällige Spuren, überall im Wald zu sehen).
- Die rote Kopfhaube ist beim Weibchen (rechtes Foto) wesentlich kleiner als beim Männchen (linkes Foto).

Buntspecht

- Häufigster Specht in unseren Wäldern.
- *Kix-kix*-Rufe sehr typisch.
- Ernährt sich sehr vielseitig von holzbewohnenden Insektenlarven, Raupen und Samen.
- Hackt Fichtenzapfen von Bäumen und transportiert sie zur „Spechtschmiede", einer Kerbe oder Spalte in einem Baum. Dort klemmt er den Zapfen ein und holt die Samenkörner heraus.
- Ende Mai, Anfang Juni sollte man auf die sehr auffälligen Bettellaute der Jungvögel in der Höhle achten. In gebührendem Abstand (ca. 50 m) von der Höhle, kann man die Altvögel bei der Fütterung der Jungen beobachten.

Tauben

In unseren Wäldern kommen zwei Taubenarten vor, die beide sehr scheu sind: die Hohltaube und die Ringeltaube. Die Stimmen der Männchen sind aber im Frühjahr so auffällig, dass sie zumindest akustisch sehr leicht wahrzunehmen sind. Die Männchen beider Taubenarten führen im Frühjahr auffällige Schauflüge mit klatschenden Flügelschlägen vor. Beide Arten ziehen im Herbst nach Südeuropa. Das unverwechselbare *Ku-ku-ru-ku-ku* der Ringeltaube kann man in allen Waldtypen hören. Die Hohltaube ist jedoch sehr selten und kommt nur dort vor, wo freie Schwarzspechthöhlen zur Verfügung stehen. Hohltauben sind im Gegensatz zu Ringeltauben Höhlenbrüter. Ringeltauben bauen ein sehr einfaches Reisignest in die Baumkronen. Die *Hu-ru-u*-Ruf klingen dumpfer und unheimlicher. Ringeltauben kommen in verschiedenen Teilen Deutschlands auch immer mehr in Gärten und Parks vor. Eine Entwicklung, die die Amsel vor etwa 100 Jahren durchmachte.

Ringeltaube

Es gibt auch Tauben im Wald!

Hohltaube

Eichelhäher

Dieser taubengroße Vogel wird wegen seines durchdringenden, rätschenden Warnrufes als der Polizist des Waldes bezeichnet. Seine wunderschön blau gefärbten Flügelfedern sind oft am Waldboden zu finden.

Er sammelt im Herbst Haselnüsse, Bucheckern und Eicheln und versteckt sie als Nahrungsvorrat für den Winter. Dabei vergisst er jedoch manche seiner Depots. Die versteckten Samen keimen im Frühjahr. Dies ist ein wichtiger Beitrag zur Verbreitung von Buche und Eiche, da deren Früchte zu schwer sind, um vom Wind oder von Insekten verbreitet zu werden. Somit erklärt sich auch, warum man in reinen Fichtenbeständen kleine Eichenschösslinge entdecken kann, obwohl weit und breit keine Alteiche zu finden ist.

Der Eichelhäher vergisst manche seiner Nahrungsdepots.

Das Reich der Insekten

Insekten sind weltweit die sowohl arten- als auch zahlenmäßig am stärksten vertretene Tiergruppe. Gerade in den Wäldern nehmen sie wichtige Schlüsselfunktionen ein. Es gibt Blattfresser, Holzverwerter, Blütenbesucher, Räuber, Raubparasiten und Aasbeseitiger. Dabei muss berücksichtigt werden, dass Insekten während ihrer Entwicklungsphasen ganz verschiedene Ernährungsweisen haben können. Die Entwicklung vom Ei über die Larve zum erwachsenen Insekt – die sogenannte Metamorphose – ist ein einzigartiger Vorgang, der den Wissenschaftlern immer noch viele Rätsel aufgibt.

Viele Insekten haben während ihrer Entwicklungsphasen verschiedene Ernährungsweisen.

Das Bestimmen von Insektenarten ist oftmals alleine schon wegen der Artenfülle sehr schwierig. Nur wenige Arten wie manche Großkäfer oder Schmetterlinge können auch vom Laien ohne große Vorkenntnisse erkannt werden. Für Kinder ist alleine die Formenvielfalt und das Aussehen der Insekten ein Erlebnis. Ein wichtiges Hilfsmittel dazu ist eine Becherlupe. Mit ihr können die Winzlinge in ihrer ganzen Schönheit betrachtet werden.

Hautflügler

Unter diese Insektengruppe fallen Bienen, Wespen, Hummeln und Ameisen. Weiter finden sich viele Raubparasiten. Das sind Schlupf- oder Erzwespen, die ihre Eier mit einem Legestachel in die Eier, Larven oder Puppen anderer Insekten legen. Die schlüpfenden Larven ernähren sich dann von dieser Kost. Diese Parasiten wirken oftmals Massenvermehrungen von Schmetterlingen oder Blattwespen entgegen.

Ameisen

Von den in Staaten lebenden Ameisen ist die **Rote Waldameise** mit ihren großen Nesthaufen die auffälligste. Die Ameisenburgen werden meist an einem sonnigen Waldort an einem Baumstumpf angelegt und setzen sich in die Erde fort. Es gibt verschiedene Arten der Roten Waldameise, die sich vor allem durch die Anzahl von Königinnen in einem Volk unterscheiden. So besitzt eine Art nur eine Königin, während eine weitere Art bis zu 5000 Königinnen in einem Volk aufweisen kann. Die unfruchtbaren Arbeiterinnen sind für die Nahrungsbeschaffung und die Brutpflege der Larven zuständig.

Die auffälligen Burgen der Roten Waldameise haben ein weitverzweigtes unterirdisches Gangsystem.

Innerhalb eines Sommers können die Arbeiterinnen bis zu einer Million anderer Insekten erbeuten. Eine weitere Nahrungsquelle ist die Zucht von Blattläusen. Die Blattläuse stechen mit ihren Mundwerkzeugen in die weiche Rinde von jungen Trieben und saugen Pflanzensaft aus. Einen Teil dieses Saftes scheiden sie wieder aus, indem sie von den Arbeiterinnen mit Fühlern betrillert werden. Dieser sogenannte Honigtau wird von den Ameisen aufgeleckt, zum Teil selbst

Die Ameisengänge verbinden verschiedene Kessel miteinander. Dort werden Larven und Puppen von Arbeiterinnen betreut. In andere Kessel legen die Königinnen ihre Eier ab.

verbraucht, zum Großteil jedoch im Magen zum Nest transportiert und dort an andere Ameisen abgegeben. Als Gegenleistung beschützen die Waldameisen die Blattläuse vor Fressfeinden wie dem Marienkäfer. Die kräftigen Zangen der Arbeiterinnen sind tödliche Waffen für den Beuteerwerb und für die Verteidigung. Selbst uns Menschen können sie damit ganz ordentlich zwicken. Eine weitere Abwehrwaffe ist ätzende Ameisensäure, die die Arbeiterinnen bei Gefahr bis zu einem halben Meter weit verspritzen können.

Ameisen züchten nicht nur Blattläuse, sondern sind auch eifrige Jäger. Hier erbeutet die Ameise gerade einen Borkenkäfer.

Manche Waldvögel baden gerne in Ameisenhaufen und lassen sich absichtlich mit Ameisensäure bespritzen, um Gefiederparasiten abzutöten. Ameisen sind auch eine wichtige Nahrung für Waldtiere wie den Schwarz- und Grünspecht. Sie suchen die Ameisenburgen regelmäßig auf, um Ameisen und deren „Eier" zu erbeuten. Die weißen Gebilde sind übrigens nicht die Eier, sondern die Puppenhüllen, in denen sich gerade neue Arbeiterinnen entwickeln.

Mancherorts werden Ameisenburgen mit einer Schutzhaube versehen. Dadurch wird jedoch in die Nahrungskette des Waldes eingegriffen, und beispielsweise die Spechte werden von einer ihrer Nahrungsquellen abgeschnitten.

Unternehmung

Der Geruch von Ameisensäure:

Um den Geruch von Ameisensäure zu testen, kann man seine Hand leicht auf die Oberfläche eines Ameisenbaus legen. Die Ameisen fühlen sich bedroht und verspritzen zur Abwehr die Säure. Der Geruch ist nicht sehr angenehm. Er erinnert an ein Chemielabor. Nimmt man ein violettes Blütenblatt z. B. einer Glockenblume und hält sie dicht über den Ameisenhaufen, so wird auch dieses bespritzt und färbt sich infolge einer chemischen Reaktion rot.

Hornissen

In lichten Laubwäldern kommt die gefürchtete Hornisse vor. Sie ist die größte einheimische Wespenart. Ihre gelbbraunen Nester legen die Hornissen in hohlen Bäumen oder Spechthöhlen an. Zur Gewinnung von Nestbaumaterial schälen sie die Rinde von Laubbäumen und zerkauen sie. Dabei entsteht ein papierähnlicher Stoff, aus dem sie ihr Nest bauen. Den zuckerhaltigen Baumsaft, der an den so verletzten Bäumchen austritt, lecken sie auf. Wie alle Wespen lieben auch Hornissen reife Früchte und fressen das gesamte Fruchtfleisch auf. Das für die Larvenaufzucht benötigte Eiweiß gewinnen sie durch die Jagd auf Insekten.

Hornissen im Anflug auf das Nest

Im Herbst sterben die Völker der Hornissen ab. Nur wenige befruchtete Weibchen überwintern an geschützten Stellen und gründen als Königinnen im folgenden Jahr einen neuen Staat. Nachdem sie die ersten Arbeiterinnen großgezogen haben, sind sie nur noch für die Eiproduktion zuständig.

Ein Blick in das Innere eines Hornissennestes ist nicht ganz ungefährlich.

Hornissen können an schwülen Sommertagen in der Nähe ihres Nestes sehr aggressiv werden. Der größte Fehler ist es dann, um sich zu schlagen und davonzulaufen. Stattdessen sollte man sich erst einmal eine Jacke oder ähnliches über den Kopf ziehen, um zu vermeiden, dass sich Hornissen in den Haaren verfangen. Dann erst sollte man sich langsam vom Nest weg bewegen. Diese „Gefährlichkeit" – ein Hornissenstich ist für einen Menschen normalerweise nicht tödlich – berechtigt uns jedoch nicht, die Nester zu zerstören. Im Herbst können wir uns die kunstvollen Nester genauer anschauen und sie vorsichtig zerlegen.

Schmetterlinge

Viele waldbewohnende Schmetterlinge sind nachtaktiv und sehr unscheinbar gefärbt. Besonders lichte Laubwälder sind ideale Lebensräume für Schmetterlinge. So kommen beispielsweise an der Eiche rund 200 Schmetterlingsarten vor. Die Raupen fressen meist an den Blättern der Bäume oder an Kräutern. Typische Waldschmetterlinge sind der Kaisermantel und der Schillerfalter. An ihrer Entwicklung zeigen sich wieder die enge Verflechtung und die hohen Ansprüche einzelner Arten an ihren Lebensraum.

Kaisermantel-Falter lieben Blüten.

Der Kaisermantel lebt an Waldrändern oder Lichtungen. Dort findet er Blüten, aus denen er Nektar saugen kann. Die Falter übernachten in der Wipfelregion, weil sie dort von der Sonne am nächsten Morgen wieder rasch aufgewärmt werden. Das Weibchen legt seine Eier in den Ritzen von Baumstämmen ab. Die Raupen schlüpfen bald nach der Eiablage, überwintern aber erst einmal an ihrem Geburtsort. Erst im folgenden Frühjahr wandern sie den Stamm hinab und begeben sich auf die Suche nach Veilchen – ihrer Nahrungspflanze. Übrigens hat bereits das Weibchen vor der Eiablage Ausschau nach den Veilchen gehalten und die Eier an einem nahegelegenen Baum abgelegt. Eine sehr vorausschauende Leistung!

Der Kleine Eisvogel-Falter ernährt sich von Kot.

Der Kleine Eisvogel-Falter ernährt sich von frischem Kot, aber auch von verwesenden Tieren oder Baumsäften. Seine Eier legt sie auf den Blättern der Salweide ab, die zugleich auch die Nahrung der Raupen sind.

Die Raupe des Buchenrotschwanzes frisst an Blättern.

Käfer

Vom winzigen Borkenkäfer bis zum „riesigen" Hirschkäfer kommt eine überwältigende Zahl von Käferarten in unseren Wäldern vor. Sie haben sich die verschiedensten „Berufe" ausgewählt. Räuberische Laufkäfer, blattfressende Rüsselkäfer und holzbewohnende Bockkäfer haben sich unzählige Nischen in den verschiedenen Wäldern erobert. Trotz ihrer sehr verschiedenen Größe ist die „Käfer-Grundform" meist zu erkennen. Ein Hauptmerkmal sind die Vorderflügel, die im Laufe der Entwicklungsgeschichte zu Flügeldecken umgebildet wurden und die leicht verletzbaren Hinterflügel schützen. Durch diesen Schutz sind Käfer sehr robuste Insekten, die gegen Nässe und Trockenheit sehr unempfindlich sind. Sie sind die erfolgreichste Tiergruppe. Es wird geschätzt, dass es über eine halbe Million Käferarten auf der Welt gibt.

Der Hirschkäfer ist unser größter heimischer Käfer.

Auch Käfer entwickeln sich vom Ei über die Larve zum fertigen Insekt. Dabei können die Larven eine ganz andere Ernährungsweise haben als der erwachsene Käfer. So entwickelt sich etwa die Larve des Hirschkäfers acht Jahren lang im Moderholz einer Eiche, während sich die erwachsenen Käfer vom Baumsaft verletzter Eichen ernähren. Die Larve des Goldkäfers lebt durch die Abgabe von bestimmten Duftstoffen unbehelligt und geschützt in Ameisenbauen und ernährt sich von vermodernden Holzteilen.

Lederlaufkäfer (Räuber)

Totengräber (Aasfresser)

Goldkäfer (Nektar)

Borkenkäfer

Diese winzigen Käfer können bei Massenvermehrung das Absterben ganzer Nadelwälder verursachen. Es gibt verschiedene Arten, die sich auf einzelne Baumarten und innerhalb der Baumarten wiederum auf verschiedene Alter oder Baumbereiche spezialisiert haben. Am bekanntesten sind Buchdrucker und Kupferstecher. Sie leben an oder besser gesagt in der Fichte. Dabei ernähren sie sich vom Bast. Diese äußere Stammschicht ist sehr nahrhaft, da dort der in den Blättern erzeugte Baumsaft zu den Wurzeln geleitet wird (siehe Seite 19).

Die Fraßgänge des Borkenkäfers liegen genau in der Schicht des Baumes, die den Baumsaft leitet – im Kambium.

Die Altkäfer, die im Boden überwintert haben, fliegen im Frühjahr ganz gezielt kranke Bäume an. Diese Bäume geben andere Duftstoffe an die Umgebung ab als gesunde Bäume. Gesunde Bäume können sich durch Harzfluss auch aktiv gegen einen Befall wehren.

Die Käfer nagen sich ein Loch durch die Borke und dringen in die Bastschicht ein. Dort legen die Weibchen nach erfolgter Paarung jeweils einen Gang an, in dem sie in regelmäßigen Abständen ihre Eier ablegen. Die geschlüpften Larven fangen dann an, sich durch die Bastschicht zu fressen. Dabei entstehen je nach Art typische Fraßbilder. Mit zunehmendem Alter entfernen sich die Fraßgänge der Larven immer weiter vom Muttergang. Da die Larven wachsen, nimmt dabei auch der Durchmesser der Gänge zu. Am Ende des Larvenganges verpuppen sich die Larven. Die erwachsenen Käfer bohren sich dann nach außen und machen sich auf die Suche nach einem geeigneten Baum.

Durch den Fraß an der Bastschicht wird diese zerstört und damit die Versorgung der Wurzeln mit Baumsaft unterbunden. Dadurch können die Feinwurzeln sich nicht mehr erneuern und sterben ab. Der Baum kann kein Wasser mehr aufnehmen und verdurstet.

Vor allem im künstlichen Nadelholz – Monokulturen – können die Borkenkäfer große Schäden anrichten. Das hängt damit zusammen, dass Fichten von Natur aus in den kühlen und regenreichen Hochlagen der Gebirge vorkommen. In tieferen Lagen können sie durch Trockenperioden so stark geschwächt werden, dass sie leichte Beute für den Borkenkäfer sind. Ebenso bewirken Schadstoffe in der Luft eine Schwächung des Baumes und können ebenfalls zum Befall des Borkenkäfers beitragen.

Wertfrei gesehen sind jedoch auch Borkenkäfer wichtige Glieder im Ökosystem Wald und bilden eine wichtige Nahrungsquelle. Spechte können mit ihren feinen Sinnen die Käferbäume ausfindig machen und ernähren sich von den Larven der Borkenkäfer. Die abgetöteten Bäume werden von anderen Insekten und Pilzen besiedelt und allmählich abgebaut.

Durch Trockenperioden und Schadstoffe aus der Luft geschwächte Fichten sind leichte Beute für den Borkenkäfer. Dessen Larven sind wiederum eine willkommene Beute für den Schwarzspecht.

Borkenkäfer sind gerade einmal 4 mm lang. Sie sind gar nicht so leicht zu entdecken. Die weißen Larven sehen aus wie Reiskörner.

Totholz lebt!

Oftmals schimpfen Waldbesucher über den unaufgeräumten Wald. Vor allem abgestorbene Bäume oder morsches Holz am Waldboden stören so manchen Spaziergänger. Dabei ist Totholz keineswegs tot! In ihm wimmelt es nur so von Leben. Alleine 500 totholzbesiedelnde Pilzarten und weit über 1000 verschiedene Käferarten sind an der Zersetzung von Totholz beteiligt. Viele holzbewohnende Insekten und Pilze haben sehr spezielle Anforderungen an die Holzart und den Zersetzungsgrad des Holzes. Für Baumsämlinge ist feuchtes Moderholz ein ideales Keimbett, von wo aus sie den Kampf ums Licht aufnehmen können, ohne dass sie von üppiger Bodenvegetation behindert oder gar erstickt werden.

Ein alter Baumstumpf bietet während seiner Zersetzung zahlreichen Käferarten einen Lebensraum.

Spechte hacken in morsches Holz tiefe Gänge, um an die darin lebenden Insektenlarven zu gelangen oder bauen ihre Nisthöhlen in absterbende oder kernfaule Bäume. Die dabei entstehenden Höhlen und Gänge (sogenannte Kleinstrukturen) dienen wiederum anderen Tierarten, wie Fledermäusen oder Wildbienen, als Unterschlupf.

Da in unseren Wäldern die wertvollen alten Bäume genutzt werden, gibt es bei weitem nicht so viel Totholz wie in Urwäldern. Trotzdem ist Holz ein sehr wichtiger Rohstoff, auf den unsere Gesellschaft nicht verzichten kann. Deshalb müssen Kompromisse gesucht werden.

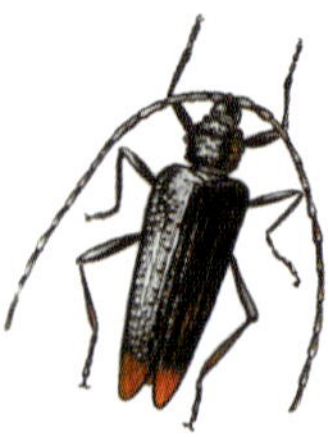

Die moderne Forstwirtschaft versucht einen Ausgleich zu schaffen, indem möglichst viel minderwertiges Holz mit wenig Ertrag im Wald belassen wird. Dabei werden jedoch die Lebensbedingungen im Urwald nie vollständig erreicht, was für einige sehr anspruchsvolle Tier- und Pilzarten das Ende bedeuten würde. Um wenigstens kleine Rückzugsmöglichkeiten zu schaffen, haben die Forstverwaltungen flächendeckend sogenannte *Naturwaldreservate* angelegt. Dort findet keinerlei menschliche Nutzung statt. Informationen, wo sich ein solches Reservat in der näheren Umgebung befindet, bekommt man über die Forstämter. Durch den Besuch eines solchen Miniatur-Urwaldes mit abgestorbenen und am Boden liegenden Baumstämmen bekommt man einen kleinen Eindruck über das Aussehen unberührter Wälder.

Diese abgebrochene Buche wird in jahrzehntelanger Arbeit von Pilzen wie dem Schleimrübling, verschiedensten Insektenarten und unzähligen Mikroorganismen zersetzt.

Gewässer –
Ökosysteme von ganz besonderem Wert

Ursprung und Vielfalt unserer Gewässer

Was gibt es Schöneres als an einem heißen Sommertag seine Füße in einem kühlen Waldbach zu baden und den Durst mit seinem Wasser zu löschen. Immer wieder spannend ist es, den Ursprung eines solchen Bächleins ausfindig zu machen. Dabei hat der Weg des Wassers an der Quelle schon längst begonnen und wird an dieser so besonderen Stelle nur für uns zum ersten Mal sichtbar.

Die Behauptung, dass dieses Quellwasser im Grunde überflüssiges Wasser ist, wird bei manchem vielleicht etwas Erstaunen hervorrufen. Aus der Sicht der Pflanzen ist das aber so. Sie können nur das Regenwasser, das in feinsten Poren im Boden festgehalten wird, über ihre Wurzeln nutzen und durch die Blätter verdunsten bzw. für ihr Wachstum verbrauchen. Auf diese Weise wird fast die Hälfte der jährlichen Niederschläge verbraucht. Das überschüssige Wasser sickert jedoch tiefer in den Boden, bis es auf eine stauende Schicht, z. B. eine Tonschicht, trifft und sich dort sammelt. Da diese Schichten nicht genau waagerecht im Boden verlaufen, kommt das darauf gestaute Wasser irgendwo wieder als Quelle an die Oberfläche und fließt an der tiefsten Stelle des Geländes als kleines Bächlein davon. Aus Seitentälern gesellen sich andere kleine Bächlein hinzu und bilden einen immer größer werdenden Bach, der dann zum Fluss und später zu einem großen Strom werden kann.

Für Pflanzen ist Quellwasser im Grunde überflüssiges Wasser.

Neben den Fließgewässern gibt es verschiedenste Stillgewässer. Vom kleinsten Tümpel und idyllischen Weiher über künstlich angelegte Teiche bis zum ausgedehnten See reicht die Vielfalt der Gewässer.

All diese Gewässer nehmen im Vergleich zu unserer Waldfläche oder landwirtschaftlichen Flächen einen verschwindend geringen Flächenanteil ein. Doch an ihnen konzentriert sich das Leben. Durch die sehr verschiedenen Ausprägungen der Gewässer haben sich sehr unterschiedliche Lebensgemeinschaften herausgebildet. An Gewässern lassen sich oftmals sehr interessante Naturbeobachtungen machen. Ein sommerlicher Besuch an einem Waldweiher kann so spannend sein wie eine Expedition in eine ferne Wildnis. Das Quaken der Teichfrösche und das Trillern von Zwergtauchern tragen zur exotischen Atmosphäre bei. Teichfrösche laichen erst im Sommer, während ihre Verwandten, die Grasfrösche, zusammen mit den

Eine Libellenlarve hat eine Kaulquappe erbeutet und muss aufpassen, nicht selber zur Beute des lauernden Gelbrandkäfers zu werden.

Erdkröten schon im zeitigen Frühjahr gelaicht haben. Aus ihnen haben sich bereits die Kaulquappen entwickelt, die sich nun im Laufe des Sommers zu fertigen Fröschen entwickeln. Sie sind Nahrungsgrundlage für Libellenlarven und andere räuberisch lebende Wassertiere wie den Gelbrandkäfer. Sie alle bilden einen wichtigen Bestandteil in der Nahrungspyramide dieser Gewässer. Zur Grundlage dieser Pyramide gehören ganz besonders die Larven der Stechmücke. Von ihnen leben andere Tierarten, wie zum Beispiel die Stockenten. Bei ihren Küken kann man besonders gut beobachten, wie sie mit hastigen Schwimmbewegungen und den Schnäbeln dicht unter der Wasseroberfläche die Mückenlarven erbeuten.

Tiere in Fließgewässern müssen gegen die Strömung ankämpfen.

Die Lebensbedingungen an den Gewässern sind sehr unterschiedlich und können sich schnell ändern. Um alle ökologischen Nischen nutzen zu können,

müssen auch die Fähigkeiten der einzelnen Arten entsprechend vielseitig sein. So besitzen Egel Mundsaugnäpfe und Hakenkäfer Klauen, mit denen sie sich festhalten können. Wasserinsekten haben stark abgeflachte Körper, um der Strömung möglichst wenig Angriffsfläche zu bieten. Die Forelle kann aufgrund ihrer stromlinienförmigen Gestalt auch gegen die stärkste Strömung bachaufwärts schwimmen.

Durch eine hohe Spezialisierung sind die Arten aber sehr empfindlich gegenüber Veränderungen in ihren Lebensräumen. Bereits bei geringen Veränderungen der Wasserqualität oder der Ufervegetation können sie nicht mehr existieren. In der Vergangenheit wurden gerade die Gewässer sehr stark vom Menschen verändert und verschmutzt. Der Gewässerschutz und die Reinhaltung des Wassers ist daher eine unserer wichtigsten Naturschutzaufgaben.

Unternehmung

Mücken sind faszinierende Plagegeister!

Man kann selbst zum Teil einer Nahrungskette werden, wenn man sich bewusst von einer Mücke stechen lässt. Dabei stechen nur die Weibchen, die das Blut zur Bildung der Eier brauchen. Die Eier werden in winzigen Paketen auf der Wasseroberfläche abgelegt. Diese sogenannten „Schiffchen" lassen sich im Hochsommer nahezu in jeder Regenpfütze oder einem Wasserfass im Garten entdecken. Mit einer Lupe lässt sich die Schönheit dieser streichholzkopfgroßen Gebilde am besten bewundern. Jedes Ei hat an der Unterseite eine Art Falltür, durch die die schlüpfende Larve ins Wasser entweichen kann. Mit einem Teesieb lassen sich die Mückenlarven fangen und in einem Glas mit Wasser gut beobachten. Zuerst flüchten sie an den Boden des Glases, später formieren sie sich wieder an der Wasseroberfläche.

Bäume an Gewässern

Bäume benötigen große Mengen an Wasser. Eine Birke kann zum Beispiel weit über 100 Liter Wasser an einem Sommertag verdunsten. Ein Wasserüberangebot, wie es an Gewässerufern besteht, bereitet jedoch vielen Baumarten Probleme. Häufige Überschwemmungen und „nasse Füße" vertragen nur sehr wenige Baumarten. Entlang von größeren Flüssen haben sich von Natur aus sogenannte Auwälder entwickelt. Durch die Überschwemmungen der Flüsse und die damit verbundenen Schlickablagerungen sind diese Aueböden sehr nährstoffreich und bewirken zusammen mit dem hohen Wasserangebot ein sehr üppiges Wachstum. Wegen dieser Üppigkeit werden diese Wälder auch oft als die Regenwälder Mitteleuropas bezeichnet.

Auwälder sind so üppig wie tropische Regenwälder!

Bäume sind wichtige Begleiter aller Fließgewässer, da sie im Sommer die Wasserfläche beschatten und so eine zu starke Wassererwärmung vermeiden.

Unternehmung

Körbe flechten:

Mit Weidenruten lassen sich kleine Körbe flechten. Mit einem Messer oder einer Baumschere schneiden wir verschieden dicke Gerten von einer Weide. Dazu suchen wir uns einen großen Baum, der diesen kleinen Aderlass gut verkraften kann. Es müssen junge, lange, gut biegsame Triebe sein. Die dickeren Gerten werden in gleiche Längen geschnitten. Aus ihnen wird das Gerüst des Korbes gefertigt. Mit den dünnen Gerten wird das Gerüst ausgeflochten.

Die Weiden

Weiden sind im Frühjahr an den Blütenkätzchen zu erkennen. Sie sind als erste Bienennahrung sehr wichtig. Bei uns gibt es über 70 verschiedene Weidenarten, die zum Teil sehr schwierig zu unterscheiden sind. Viele Weiden wachsen strauchförmig. Silberweiden können aber über 20 Meter hoch werden. Das Holz der Weiden ist weich und vermodert sehr schnell. Morsches Weidenholz ist sehr wichtig für eine ganze Reihe von Insektenarten, die sich nur in dieser Art von Totholz entwickeln können. Früher waren die Ruten von verschiedenen Weidenarten ein wichtiger Rohstofflieferant für das Flechthandwerk.

Die Schwarzerle

Sie erreicht Höhen von über 30 Metern. Wächst an den Ufern von Bächen und hat ein sehr intensives Wurzelwerk, das die Bachsohle durchwachsen kann. Deshalb ist sie ein wichtiger Baum für die Uferbefestigung. Wegen der rötlichen Färbung ihres Holzes heißt sie auch Roterle. Sie liefert begehrtes Möbelholz. Im Winter ist ihre dunkelviolette Krone (durch die Zapfen) ein gutes Erkennungsmerkmal. Die Samen sind schwimmfähig und werden vom Wasser verbreitet. Im Winter ernähren sich die Erlenzeisige von den winzigen Samen, die man oft im Schnee als schwarze Pünktchen entdecken kann.

rundliche Blätter, leicht gezähnt

violette, längliche Knospen

lange Kätzchenblüten, kleine Zapfen

Die Esche

Sie wird bis zu 40 Meter hoch und ist im Auwald, an Bachufern und auf feuchten, nährstoffreichen Böden häufig anzutreffen. Kann aber auch trockene Kalkböden besiedeln. Treibt erst im Juni aus und blüht bereits davor. Ihr leicht zersetzbares Laub ist für Kleinlebewesen in nährstoffarmen Bachoberläufen eine wichtige Nahrungsquelle. Es gibt Eschen mit männlichen und weiblichen Blüten, aber auch Bäume mit nur einem Geschlecht. Die hellbraunen Samen bleiben den ganzen Winter über am Baum; dadurch können Eschen (wenn es kein Baum mit nur männlichen Blüten ist) sehr gut erkannt werden (siehe Foto).

große, schwarze Knospen

gefiederte Blätter mit gezähnten Einzelblättern

kleine Nüsschen mit gedrehtem Flügel

Leben an Fließgewässern

Überschwemmungen haben einen enormen Nutzen für die am Ufer wachsenden Pflanzen.

Eine der wichtigsten Fähigkeiten von Uferpflanzen entlang von Bächen und Flüssen ist die Standfestigkeit. Wenn nach der Schneeschmelze oder nach starken Regenfällen die Bäche anschwellen und mit reißender Strömung über die Ufer treten, müssen die Uferpflanzen gut verankert sein, um nicht mitsamt den Wurzeln fortgeschwemmt zu werden. Diese regelmäßigen Überschwemmungen haben jedoch auch einen enormen Nutzen für die am Ufer gedeihenden Pflanzen. Ein Teil der im Wasser gelösten Schwebstoffe lagert sich bei Hochwasser an den Ufer entlang ab. Sie sind wertvoller Dünger für die Ufervegetation.

Durch die Einleitung von Abwässern oder durch Dünger aus der Landwirtschaft werden Gewässer überdüngt. Diese Veränderung begünstigt nur wenige Arten, die sich stark vermehren und konkurrenzschwächere Arten verdrängen.

Unternehmung

Wir bestimmen die Gewässergüte eines Baches:

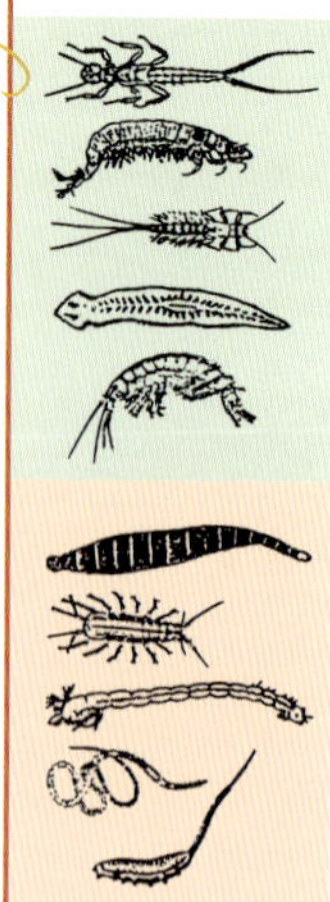

Die Gewässergüte eines Gewässers lässt sich auch ohne aufwendige chemische Untersuchungen anhand der darin vorkommenden Kleinlebewesen bestimmen. Für unsere kleine Forschungsexpedition brauchen wir einen Kescher oder ein Küchensieb, eine Lupe sowie eine flache Schale. Am Bach angelangt, drehen wir Steine um, fangen die darunter verborgenen Lebewesen mit dem Kescher oder dem Sieb und befördern sie vorsichtig in die mit Wasser gefüllte Schale. Nun können wir die Tiere mit der Lupe in Ruhe betrachten. Es gibt sogenannte Leitarten, durch die man die Wasserqualität sehr schnell grob einschätzen kann. Die oberen fünf Tierchen z.B. zeigen eine gute Wasserqualität an, die unteren vier eine schlechte.

Baldrian

Sumpfdotterblume

Bachnelkwurz

Pfeilkraut

Pestwurz

Blutweiderich

Flutender Hahnenfuß

Mädesüß

Wasserminze

Leben an Stillgewässern

Die Ufer von Stillgewässern haben unabhängig von ihrer Größe einen ähnlichen Grundaufbau. Die Bereiche, die nur bei Wasserhochstand überschwemmt werden, sind von Großseggen mit ihrem auffälligen Polsterwuchs besiedelt. Die Röhrichtzone aus Schilf und Rohrkolben ist dagegen die meiste Zeit des Jahres überschwemmt. Ab einer Wassertiefe von circa einem Meter beginnt dann die Schwimmblattzone. Dort findet man Teich- und Seerosen. Ihre Blätter schwimmen durch kleine Luftkammern auf dem Wasser. Der wesentliche Unterschied zwischen den kleineren Weihern und Teichen und den größeren Seen ist die raschere Erwärmung der ersteren im Frühjahr und ihre stärkere Abkühlung im Winter. Die größere Wassermenge in den Seen gleicht die Temperaturextreme sowohl im Winter als auch im Sommer besser aus.

Die Ufer unberührter Seen sind ein botanischer Garten mit vielen faszinierenden Pflanzen.

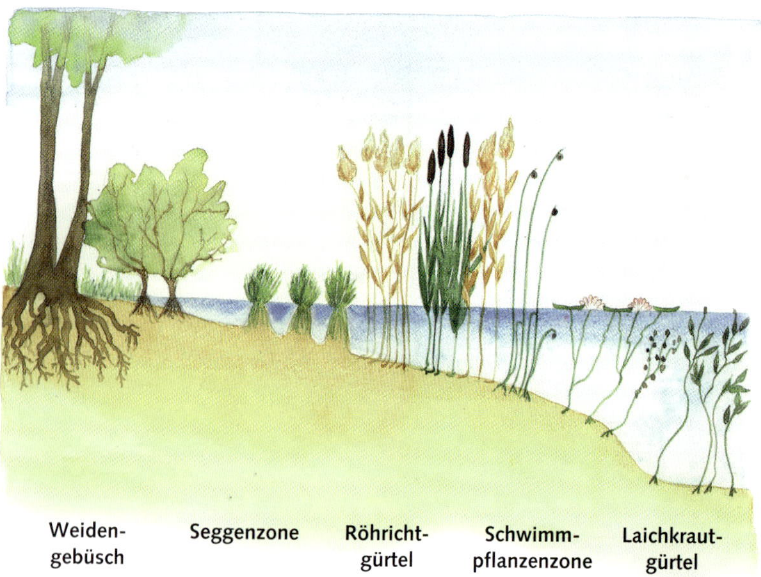

Wasserknöterich

Seerose

Teichrose

Rohrkolben

Schwertlilie

Froschlöffel

Schachtelhalm

Tannenwedel

Schilf

Säugetiere am Wasser

An ein Leben im Wasser haben sich bei uns nur wenige Säugetiere angepasst. Dazu gehört als kleinste Art die nur zehn Zentimeter lange Wasserspitzmaus, die perfekt tauchen kann und sich von den verschiedensten Wassertieren ernährt. Sie ist so selten zu beobachten, dass sie hier nur kurz erwähnt sei. Auch der Fischotter ist hervorragend an den Lebensraum Wasser angepasst. Der äußerst flinke Fischjäger ist aber leider auch so selten und scheu, dass er nur im Zoo zu beobachten ist. Es gibt jedoch ein Säugetier, das ein erstaunliches Comeback geschafft hat. Die Rede ist vom kleinen Bruder Biber, wie ihn die Indianer Nordamerikas nennen.

Der Biber ist wieder heimisch geworden.

Noch vor zwanzig Jahren war er in weiten Teilen Deutschlands ausgerottet. Doch dann setzten Naturschützer Biber aus Skandinavien an der Donau und am Inn aus. Sie vermehrten sich und breiteten sich rasch an den Flüssen entlang aus. Heute sind sogar Teile des Main-Donau-Kanals Bibergebiet. Biber sind für die Gewässer eine so wichtige Schlüsselart wie die höhlenbauenden Spechte es für den Wald sind. Durch die Anlage von Dämmen schaffen sie Teiche, die wiederum Lebensraum für eine ganze Reihe von Tierarten sind. Der Froschreichtum der Teiche unterstützt z. B. die Wiederausbreitung des seltenen Schwarzstorches. Biber sind reine Pflanzenfresser, die sich von den verschiedensten Uferpflanzen und von Baumrinde ernähren. Mit ihren mächtigen Schneidezähnen können sie Bäume bis zu einem Durchmesser von 50 cm fällen. Die Äste werden in Stücke genagt und zum Bau der Burg oder eines Dammes verwendet. Für den

Nagespuren an einer Birke.

Winter legen sie sich unter Wasser Vorräte an Ästen an, von deren Rinde sie dann den Winter über fressen. Wenngleich auch Biber nachtaktiv und nur schwer zu beobachten sind, so kann man doch die auffälligen Fraßspuren oder die Dammbauten auch in Deutschland wieder öfter an Bächen entdecken. Wer einmal das Glück hat, einen Biber zu beobachten, wird überrascht sein, wie groß sie sind. Sie können 90 cm lang werden und ein Gewicht bis zu 40 kg erreichen. Will man wirklich einmal Biber in freier Wildbahn gezielt beobachten, dann sind die örtlichen Naturschutzgruppen oder die Wasserwirtschaftsämter gute Ansprechpartner, die weiterhelfen können.

Mit ihren Dämmen stauen Biber Bäche zu Seen auf. Dadurch bleibt der Wasserspiegel konstant.

Der Zugang zur Biberburg liegt somit immer gut geschützt unter Wasser.

Vögel am Wasser

Die verschiedenen Gewässer bieten einer Vielzahl von Vogelarten einen Lebensraum. Sie lassen sich unterteilen in Pflanzenfresser wie Gänse und Schwäne, Gemischtköstler wie die vielen Entenarten und Fleischfresser wie Reiher, Fischadler und Eisvogel. Für alle Wasservögel ist es lebensnotwendig, dass ihr Gefieder wasserabweisend ist, um flugfähig zu bleiben und im Winter nicht zu erfrieren. Deshalb sind bei ihnen die Fett produzierenden Bürzeldrüsen, mit denen sie ihr Gefieder einfetten, besonders gut entwickelt.

Der Eisvogel

- Ein unverwechselbarer, farbenprächtiger Vogel in Amselgröße mit kobaltblauem Rückengefieder.
- Fliegt pfeilschnell dicht über der Wasseroberfläche.
- Auffällige Zi-zi-zi-Laute, die er oft während des Fluges ertönen lässt.
- Ernährt sich von Fischen bis 10 cm Länge, die er durch blitzschnelles Stoßtauchen erbeutet.
- Nistet in selbst gegrabenen Brutröhren in einer Steilwand.

Die Wasseramsel

- Lebt an klaren Bächen mit starker Strömung.
- Sucht ihre Nahrung unter Wasser; dreht mit dem Schnabel Steine um, um an die darunter verborgenen Wasserinsekten zu kommen.
- Taucht bis zu 30 Sekunden und kann sich unter Wasser mit ihren Flügeln fortbewegen.
- Nistet in kugeligen Moosnestern in Nischen oder speziellen Nistkästen.
- Ihr Gesang ist so durchdringend, dass er selbst das Rauschen eines Wasserfalls übertönt.
- Fliegt schnell und dicht über dem Wasser.

Der Graureiher

- Storchengroßer Vogel mit spitzem Schnabel.
- Ernährt sich von Wassertieren aller Art.
- Jagt auch auf Wiesen und Feldern nach Mäusen, Schlangen, Maulwürfen.
- Fliegt mit S-förmig eingezogenem Hals.
- Rauhe, krächzende Rufe.
- Nistet in Kolonien auf hohen Bäumen.
- Erleidet bei hohem Schnee und starkem Frost starke Bestandsverluste.
- Mit seinem langen Hals und dem spitzen Schnabel kann er äußerst schnell zustoßen.

Der Kormoran

- Große, schwarze Wasservögel mit weißen Wangen.
- Lange, schmale Flügel; Flugbild kreuzförmig.
- Leben von Fischen, die sie tauchend erbeuten.
- Jagen oft in Verbänden, treiben sich Fische zu.
- Scharfer Hakenschnabel zum Festhalten der Beute.
- Sitzen nach der Jagd mit ausgebreiteten Flügeln auf Bäumen, um ihr Gefieder zu trocknen.
- Nisten in Kolonien auf Bäumen.

Vom majestätischen Höckerschwan bis zum nur drosselgroßen Zwergtaucher reicht die Vielfalt bei den Schwimmvögeln. Eine ganze Reihe von Entenarten hat sich verschiedene ökologische Nischen an Gewässern erschlossen. Tauchenten können in größere Wassertiefen vordringen als die an der Wasseroberfläche gründelnden Schwimmenten. Allen gemeinsam sind die Schwimmhäute zwischen den Zehen, die eine perfekte Anpassung an die Fortbewegung im Wasser sind. An Schlickbänken und den Uferbereichen von größeren Gewässern suchen verschiedene Schnepfenarten wie die Bekassine nach Nahrung. Diese Zugvögel brauchen eine ganze Kette von geeigneten Gewässern, um im Frühjahr und Herbst während des Zuges genügend „Auftankmöglichkeiten" zu haben. Zu dieser Zeit lassen sich an größeren Gewässern mit einem starken Fernglas viele Beobachtungen machen.

Verschiedene Entenarten nutzen verschiedene Uferzonen zur Nahrungssuche.

Haubentaucher

Lachmöwe

Bekassine

Reiherente

Blässhuhn

Höckerschwan

Stockentenfamilie

Frösche und Kröten

Die Wanderung der Erdkröten ist eines der faszinierendsten Naturphänomene im zeitigen Frühjahr. Bereits in den ersten wärmeren Vorfrühlingsnächten verlassen sie ihre Winterquartiere und beginnen ihren Marsch zu den Laichgewässern. Schon auf dem Weg zu den Laichorten klammern sich die Männchen an den Weibchen fest und wehren andere Männchen ab. Einige Tage nach der Ankunft legt das Weibchen dann im Uferbereich ihre Eier in Form von langen Ketten ab. Während der Ablage werden die Eier von den Männchen befruchtet. Die Eier der ebenfalls schon sehr bald im Jahr laichenden Grasfrösche haben dagegen die Form von Klumpen und schwimmen an der Wasseroberfläche.

Die kleineren Männchen der Erdkröte klammern sich bereits wärend der Wanderung an die Weibchen und bewachen sie eifersüchtig.

Je nach Wassertemperatur dauert es 1 – 3 Wochen, bis aus den Eiern die winzigen Kaulquappen schlüpfen. Die ersten Tage leben sie von ihrem Dottersack. Danach ernähren sie sich von Pflanzenresten, Algenrasen und Schwebeteilchen im Wasser. Die Kaulquappen atmen im Gegensatz zu den erwachsenen Kröten und Fröschen durch Kiemen und können so den im Wasser gelösten Sauerstoff verwerten. Nach ca. drei Monaten haben sich die Froschkinder dann so weit entwickelt, dass sie eine für die Wissenschaft noch immer sehr rätselhafte Verwandlung erfahren: Innerhalb weniger Tage bilden sich die an das Wasserleben angepassten Kaulquappen in für das Landleben geeignete Wesen mit Beinen und Lungenatmung um. Dies ist der Zeitpunkt, an dem die fertig entwickelten Frösche und Kröten zu Tausenden an Land gehen und im Gras und auf dem Waldboden zu entdecken sind.

Erdkröten und Grasfrösche ernähren sich an Land von den verschiedensten Tieren wie Würmern, Schnecken oder Käfern und kehren erst wieder nach mehreren Jahren als ausgewachsene und geschlechtsreife Tiere zum Laichgewässer zurück. Erwachsene Grasfrösche überwintern am Gewässergrund, Erdkröten dagegen graben sich in den Boden ein.

Für die sommerlichen Quakkonzerte an Stillgewässern sind die Teichfrösche verantwortlich. Sie sind im Gegensatz zu Erdkröten und Grasfröschen tagaktiv. Die Laichzeit ist erst im Mai/Juni. Teichfrösche bleiben auch als erwachsene Tiere im Wasser und ernähren sich dort von verschiedenen Tieren wie Fischen, Amphibien und Insekten, die sie blitzschnell mit ihren klebrigen Fangzungen erbeuten. Dieses Fangverhalten lässt sich provozieren, indem man mit einem Grashalm vor der Nase eines Teichfrosches hin und her wedelt. Der Frosch reagiert auf die Bewegung und versucht, das vermeintliche Insekt zu erbeuten.

Mit seinen Schallblasen erzeugt der Teichfrosch seine weit hörbaren Rufe.

Frösche und Kröten sind ihrerseits eine wichtige Beute für die Ringelnatter. Obwohl sie nahezu an jedem Teichufer vorkommt, ist sie sehr scheu und nur schwer zu beobachten. Mit ihrer Zunge nimmt sie Geruchsstoffe auf und gewinnt so ein genaues Bild ihrer Umgebung. Sie ist nicht giftig.

Die Ringelnatter kommt fast an jedem Teichufer vor.

Libellen

Libellen sind mit ihren schillernden Farben, den gläsernen Flügeln und den großen Facettenaugen wundervolle Kunstwerke der Natur. Sie sind an warmen Sommertagen an Bächen und Teichen einfach zu beobachten und sind der ideale Einstieg in das Reich der Insekten. Die fertig entwickelten Libellen sind gewandte Jäger, die im rasanten Jagdflug andere Insekten erbeuten. Ihre Eier legen sie ins Wasser ab. Die daraus schlüpfenden Larven entwickeln sich im Wasser. Dort leben sie räuberisch von verschiedenen Wassertieren.

Das Portrait einer Blaugrünen Mosaikjungfer. Die Facettenaugen setzen sich aus mehreren tausend Einzelaugen zusammen.

Es gibt ca. 100 verschiedene Libellenarten bei uns. Die Gruppe der Großlibellen unterscheidet sich von den Kleinlibellen durch ihre starren, nicht einklappbaren Flügel. Manche Arten, wie die Gebänderte Prachtlibelle, leben nur an sauberen Fließgewässern, andere sind sehr anspruchslos und siedeln sich wie die Blaugrüne Mosaikjungfer in nahezu jeder Art von Gewässer an.

Ein besonderes Erlebnis ist es, am frühen Morgen den Schlupf einer Libelle zu beobachten. Die unscheinbaren Larven klettern an einem Schilfhalm oder ähnlichem aus dem Wasser, sprengen ihre Larvenhaut und zum Vorschein kommen die fertig entwickelten Libellen. Libellen scheinen dazu bestimmte Plätze zu bevorzugen. Findet man eine leere Larvenhaut, ist die Wahrscheinlichkeit hoch, an dieser Stelle eine weitere schlüpfende Libelle beobachten zu können.

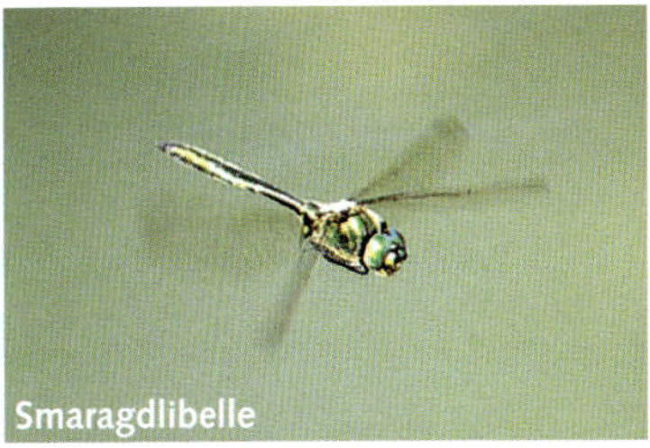

Smaragdlibelle

Vierflecklibelle

Pechlibelle

Mosaikjungfer

Prachtlibelle

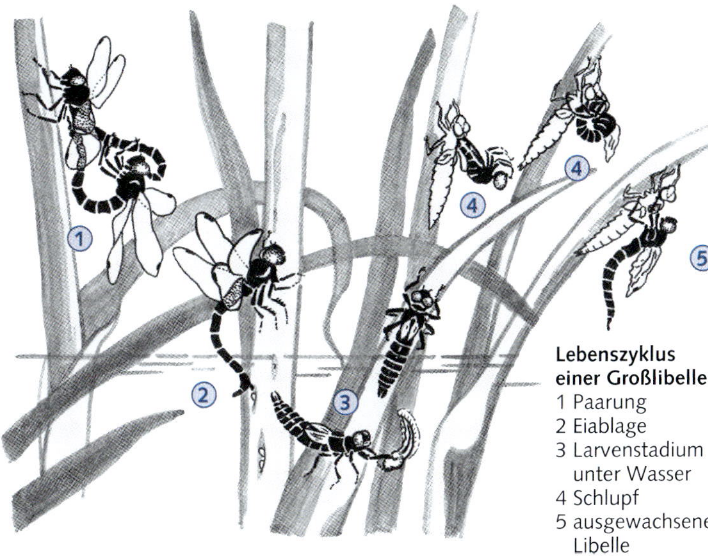

Lebenszyklus einer Großlibelle:
1 Paarung
2 Eiablage
3 Larvenstadium unter Wasser
4 Schlupf
5 ausgewachsene Libelle

Wiesen, Felder und Hecken –

unsere Kulturlandschaft

Wie entstand unsere Kulturlandschaft?

Allmählich beginnen wir zu erkennen, dass die verstärkte Nutzung der Sonnenenergie ein wichtiger Beitrag zur Lösung unserer Umweltprobleme ist. Auf immer mehr Häusern werden Sonnenkollektoren installiert, um diese umweltfreundliche Energiequelle zu nutzen. Dabei ist uns oft nicht klar, dass jegliche auf der Erde nutzbare Energie, mit Ausnahme der so gefährlichen Atomenergie, von der Sonne stammt. Auch die Ausgangsstoffe für Öl, Kohle und Erdgas wurden vor Jahrmillionen durch die Fotosynthese von Pflanzen erzeugt. Damals enthielt die Luft viel mehr Kohlendioxid (CO_2) als heute. Durch die Bildung von Erdöl, Kohle und Erdgas aus abgestorbenen Pflanzen und Tieren wurden riesige Mengen Kohlendioxid aus der Luft entnommen und in der Erde unter Luftabschluss gespeichert. Durch dieses „Aus-dem-Verkehr-Ziehen" großer Mengen Kohlendioxid konnte überhaupt erst die sauerstoffreiche Luft entstehen. Heute nutzen wir diese Energiequellen in großem Umfang, um Strom zu gewinnen, Auto zu fahren oder die verschiedensten Produkte herzustellen. Bei der Nutzung (= Verbrennung) entweicht wieder genau das Kohlendioxid in die Luft, das vor Jahrmillionen gebunden und unter Luftabschluss konserviert wurde. Durch diese Freisetzung entsteht der sogenannte Treibhauseffekt, der eine Erwärmung der Erdatmosphäre zur Folge hat. Dadurch werden vermehrt starke Stürme hervorgerufen, und

Eine reich gegliederte Kulturlandschaft ist mit Hecken durchzogen und klein parzelliert.

das Eis an den Polen beginnt zu schmelzen. Solche Phasen der Erwärmung gab es in der Vergangenheit schon öfter. Jedoch fanden diese Veränderungen noch nie in einem solchen Tempo wie in der Gegenwart statt. Gleichzeitig deutet alles darauf hin, dass der Mensch in naher Zukunft der Hauptleidtragende dieser Entwicklung sein wird.

Dabei funktionierte alles im Großen und Ganzen bis vor 100 Jahren sehr gut, weil der Mensch bis dahin nur die unmittelbar zur Verfügung stehende Sonnenenergie verbrauchte. Zuerst nutzte er sie als Jäger und Sammler. Dann hatten die Menschen vor über 7000 Jahren eine geniale „Idee" (die sich natürlich nach und nach entwickelte). Sie fragten sich, warum man immer in der Unsicherheit leben sollte, ob genügend Wildtiere erbeutet oder ausreichend Wildpflanzen gefunden werden. Warum sollte man die besten Wildpflanzen nicht ganz gezielt anbauen und ihnen während ihres Wachstums helfen? Dann könnte man sie ernten und allmählich verbrauchen. Mit dieser Idee war die Landwirtschaft geboren.

Durch die Nutzung fossiler Brennstoffe nimmt der CO_2-Gehalt der Atmosphäre zu.

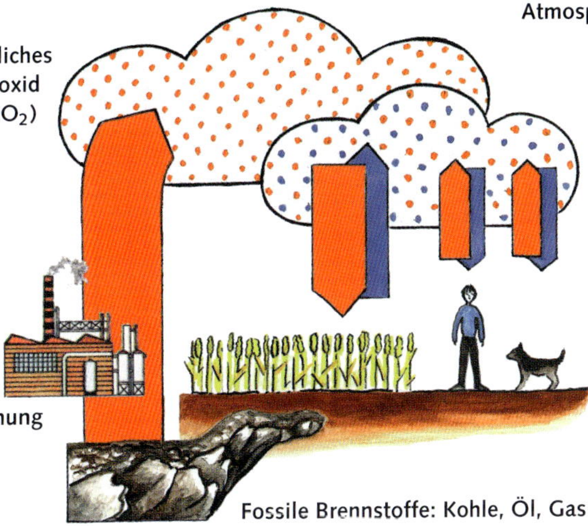

Zusätzlich zähmten unsere Vorfahren wilde Tiere und hielten sie als Haustiere. Kühe, Schweine und Pferde waren nun eine wichtige Nahrungs- und Energiequelle. Sie halfen den Menschen bei der Feldarbeit und konnten schwere Lasten tragen und ziehen. Ihre Nahrung suchten sich die Tiere in den umliegenden Wäldern. Diese vorhergehende Beweidung erleichterte die Rodung des Waldes durch Feuer und die Axt. Bei uns passierte also die „Vernichtung" großer Waldflächen schon vor langer Zeit, als noch niemand an Naturschutz dachte. Oft blieben Wälder nur für den Adel zur Jagd erhalten. Dies sollten wir bedenken, wenn wir die Entwicklungsländer wegen der Vernichtung des Regenwaldes kritisieren. Natürlich muss aber alles darangesetzt werden, die noch bestehenden Wälder weltweit zu erhalten. Denn es zeigt sich immer mehr, dass sie wegen ihres großen Einflusses auf das Klima für die Zukunft der Menschen unentbehrlich sind.

Pferde waren wichtige Arbeitstiere für die Feldbearbeitung und für den Transport.

Die durch die Rodung der Wälder entstandene Landschaft war aber keineswegs eine „Wüste". Die Bauern lernten schnell, dass sie ihren Boden pfleglich und mit Bedacht behandeln mussten, wenn er ihnen Jahr für Jahr eine ausreichende Ernte bringen sollte. Da auch bei uns viele Menschen Bauern waren, gab es viele kleine Felder, die zur Abgrenzung mit Hecken umgeben waren. So entstand eine sehr abwechslungsreiche Kulturlandschaft, in der auch Platz für viele Wildtiere war. Manche Tier- und Pflanzenarten, wie Rebhühner, Hamster oder die Küchenschelle, verbreiteten sich während dieser Entwicklung erst aus den östlichen Steppen in unsere Regionen.

Erst die moderne Landwirtschaft mit ihren großen Maschinen, Pflanzenschutzmitteln und Mineraldüngern hat diese Landschaft in kurzer Zeit stark verändert. Wenngleich weltweit noch über die Hälfte der Menschen in der Landwirtschaft tätig ist, wird bei uns die gesamte Fläche von nur wenigen Landwirten bewirtschaftet. Der Konkurrenzdruck bedingt größere Maschinen und damit größere Felder, was der Natur nur noch wenig Chancen lässt. Jeder von uns kann dieser Entwicklung jedoch ein wenig entgegensteuern, indem er biologisch erzeugte Nahrungsmittel – auch wenn sie etwas teurer sind – bevorzugt.

Glücklicherweise kommen auch bei uns noch Landschaften vor, in denen der Dreiklang Feld – Wiese – Hecke existiert. Dort gibt es vieles zu erforschen. Denn: Sich der Umweltproblematik unserer Kulturlandschaft bewusst zu sein und unvoreingenommen die kleinen Entdeckungen am Wegrand zu genießen, das ist vielleicht der Weg, um nicht in Umwelt-Pessimismus zu verfallen und um den Kindern nicht das Gefühl zu geben, dass ohnehin schon alles kaputt ist.

Eine Blumenwiese lädt ein zum Sträußepflücken und zum Flechten von Blumenkränzen.

Die Wiese – bunte Vielfalt in Gefahr

Wiesen ähneln in ihrem Aufbau den Savannen Afrikas oder den Prärien Nordamerikas. In diesen natürlichen Grasgebieten leben große Herden von Weidetieren wie Gnus oder Bisons. Mit ihren Wiederkäuermägen können sie die zellulosehaltigen Gräser und Kräuter gut verwerten. Diese sind auch im Gegensatz zum Wald, wo sich ein Großteil der Biomasse im Kronenraum befindet, gut zu erreichen.

Wiesen liefern Heu – eine sehr alte und einfache Form Solarenergie zu speichern.

Die Ökosysteme der natürlichen Grasländer werden zum Nutzen des Menschen auf den Wiesen nachgeahmt. Die großen Pflanzenfresser sind die Rinder, Pferde, Schafe und Ziegen. Selbst wenn sie nicht mehr auf den Wiesen weiden, werden sie doch mit dem Gras und dem Heu der Wiesen ernährt. Heu ist eine sehr alte und einfache Form der Speicherung von Solarenergie. Die Pflanzen bilden mit Hilfe der Sonne ihre Blätter und der Landwirt trocknet sie durch die Sonnenwärme, um sie dann im Winter als Heu an sein Vieh zu verfüttern zu können. Diese Wirtschaftsweise war ebenfalls eine sehr wichtige Erfindung des sesshaften Menschen, da er damit das Vieh problemlos durch den Winter bringen konnte.

Der Kot der Haustiere wurde und wird auch heute noch als Dünger in Form von Mist oder Gülle wieder auf die Wiesen gebracht. Mist war früher der einzige zur Verfügung stehende Dünger und damit ein äußerst wertvoller Rohstoff. Der größte Teil wurde auf

den Feldern verbraucht, um gute Ernten zu erzielen. Sogar aus dem Wald holte man zusätzliche Streu, um zusammen mit dem Kot der Tiere mehr Mist zu erzeugen. Dadurch wurden den Wiesen Nährstoffe entzogen. Für die Vielfalt von Gräsern und Kräutern war dies sogar ein Vorteil, weil sich auf nährstoffärmeren Wiesen mehr Pflanzenarten behaupten können als auf nährstoffreichen.

Heutzutage ist es genau umgekehrt. Durch zusätzliche Mineraldünger werden die Wiesen stärker gedüngt. Dazu kommt noch die beachtliche Stickstoffbelastung aus der Luft, hervorgerufen durch die von uns erzeugten Abgase. Somit können nur wenige Gras- und Krautarten die Herrschaft übernehmen und die weniger konkurrenzkräftigen Arten verdrängen. Als Folge davon verschwinden eine ganze Reihe von Tierarten, allen voran verschiedene Insektenarten, die von einzelne Wiesenpflanzen abhängig sind. Ein beträchtlicher Teil des Stickstoffs kann von den Pflanzen und dem Boden gar nicht mehr gespeichert werden und wandert in das Grundwasser. Die Folge ist mancherorts eine starke Nitratbelastung unseres Trinkwassers, die für Mensch und Tier sehr ungesund ist.

Leider gehört die naturverträgliche, kleinflächige Bewirtschaftung an vielen Orten der Vergangenheit an.

Auch die Beweidung der Wiesen hat großen Einfluss auf die Artenzusammensetzung, da die Weidetiere verschiedene Pflanzenarten, wie Disteln oder Sauerampfer, verschmähen. Sie haben dadurch einen Vorteil und können sich auf den Weiden stark ausbreiten. Früher wurden solche Weiden mit verschiedenen Tieren beweidet, um diese Entwicklung zu verhindern. Denn Ziegen und Schafe fressen beispielsweise auch noch Pflanzen, die Pferde und Kühe nicht mögen.

Die Weidehaltung von Kühen und Kälbern ist eine sehr naturverträgliche und tiergerechte Rinderhaltung.

Heute werden unliebsame Pflanzenarten durch Chemikalien dezimiert, was natürlich für die Umwelt viele Nachteile hat, da ein Teil dieser Spritzmittel in das Grundwasser gelangt. Viele Wiesen und Weiden wurden in den letzten Jahrzehnten zu Ackerland umgewandelt, da immer mehr Bauernhöfe ihr Vieh abgeschafft haben und zu reinen Ackerbaubetrieben umgestaltet wurden. Für die Naturvielfalt ist dies ein großer Verlust, da auf den Feldern neben den Fruchtpflanzen nur noch ganz wenige Pflanzen existieren können.

Wiesen haben sehr verschiedene Ausprägungen. So gibt es sehr feuchte Wiesen in Talgründen und in Überschwemmungsbereichen von Bächen und Flüssen. Das Gegenstück dazu sind Trockenrasen auf steinigen Südhängen, wo nur ganz wenig Erde vorhanden ist und dadurch im Boden nur wenig Wasser gespeichert werden kann. Diese kargen Wiesen sind oftmals das Ergebnis von jahrhundertelanger Überweidung. Durch die übermäßige Beweidung und Trittschäden wurde der Boden freigelegt und viel Feinerde vom Regen abgespült. Heute sind diese „geschädigten" Wiesen wichtige Rückzugsgebiete für seltene Wiesenpflanzen, die in den überdüngten Fettwiesen schon

lange verschwunden sind. In dieser Pflanzenvielfalt können bis zu 1500 Insekten- und Spinnenarten leben. In stark gedüngten Mähwiesen kommen dagegen nur wenige Pflanzenarten in großer Menge vor. Dort können nur noch wenige Tierarten existieren.

Wir sollten uns dennoch auch an den häufigen Arten solcher Wiesen freuen und beispielsweise die Löwenzahnblüte genießen. Eine über und über mit gelbem Blütenstaub des Löwenzahns bedeckte Biene ist ein genauso wunderbarer Anblick wie eine seltene Orchidee. Ein Heupferdchen auf der Hand, die bizarren Formen von Blüten und die Gerüche und Geräusche einer Sommerwiese sind die kleinen Abenteuer vor unserer Haustür. Warum in die Ferne schweifen? Mit ein wenig Fantasie erinnert uns die Blüte des Wiesenstorchschnabels oder die des Salbeis an die Lavendelblüte in Südfrankreich.

Das Alltägliche immer wieder mit neuen Augen sehen – das ist die Herausforderung auf unseren Spaziergängen in der heimischen Natur.

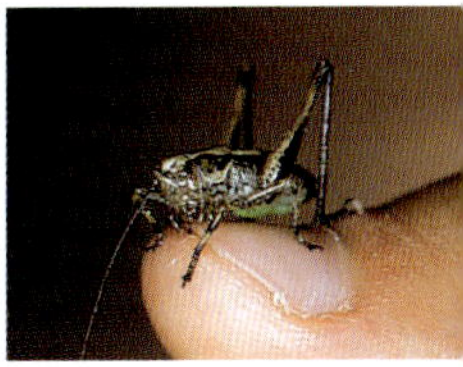

Ein Heupferdchen, ein Löwenzahn – das Alltägliche mit neuen Augen sehen ...

Die Pflanzenwelt der Wiesen

Gräser werden vom Wind bestäubt. Die Samen hängen sich in das Fell von Tieren und werden so verbreitet.

Pflanzen, die auf Wiesen wachsen, brauchen besondere Eigenschaften. Sie müssen sehr regenerationsfähig sein, da sie ja regelmäßig gemäht oder abgeweidet werden. Weiterhin müssen sie direkte Sonneneinstrahlung vertragen und innerhalb kurzer Zeit blühen und reife Samen ausbilden können, um der nächsten Mahd oder Beweidung zuvorzukommen. Diese Eigenschaften besitzen viele Gräser.

Gräser wachsen im Gegensatz zu den meisten anderen höheren Pflanzen nicht von der Spitze aus, sondern „schieben" von unten nach. Zudem können sie sich durch Wurzelausläufer ausbreiten und innerhalb kurzer Zeit ihre unscheinbaren Blüten ausbilden. Die Verbreitung des Pollens geschieht zum Leidwesen vieler vom Heuschnupfen geplagter Menschen durch den Wind. Grassamen hängen sich in das Fell von Tieren und werden auf diese Weise verbreitet. Grasarten profitieren durch ihr intensives Wurzelgeflecht und ihre Wuchskraft von einer Düngung am meisten. Sie wachsen dann sehr hoch und dicht und verdrängen konkurrenzschwächere Kräuter.

Unternehmung

Mit Wollsocken durch die Wiese:

Wir nehmen uns an einem Sommertag dicke Wollsocken auf unseren Spaziergang mit und laufen mit ihnen ohne Schuhe ein paar Meter durch eine Wiese. Was sonst nur lästige Anhängsel an der Kleidung sind, entpuppt sich bei näherer Betrachtung als ein Sammelsurium verschiedener Pflanzenteile und auch vieler Samen. Wir säen sie zu Hause in einen Blumentopf und schon bald beginnt eine kleine Wiese zu wachsen.

Knäuelgras
Wiesenschwingel
Rispengras
Glatthafer
Wiesenfuchs-
schwanz
Raygras

Wiesenkräuter

Blüten sind Tankstellen für Bienen, Hummeln und Schmetterlinge.

Wiesenblumen sind die bunten Tupfen im Grasmeer. Sie ermöglicht mit ihrem Nektar als Nahrungsgrundlage ein reiches Insektenleben. Nach den Blütenformen lassen sich Korbblütler wie der Löwenzahn, Lippenblütler wie der Wiesensalbei und Doldenblütler wie die Wilde Möhre oder der Bärenklau unterscheiden. Sie alle wollen von Bienen, Schmetterlingen oder Hummeln bestäubt werden. Das Prinzip ist einfach: Die Blütenbesucher bekommen zuckerhaltige Nahrung, im Gegenzug werden sie mit männlichem Blütenstaub bepudert und nehmen diesen zur nächsten Blüte mit. Die Blüten sind farblich auf die Sehweise und von der Form her auf die Saugwerkzeuge einzelner Insektenarten abgestimmt. Dadurch wird gewährleistet, dass der Pollen zielgerichtet zu einer Blüte derselben Art gelangt. Manche Pflanzenarten geben auch nur zu einer bestimmten Tageszeit ihren Nektar ab oder öffnen ihre Blüten erst zu einer bestimmten Uhrzeit.

Unternehmung

Experiment an der Salbeiblüte:

Lippenblütler sind das Paradebeispiel für einen gezielten Pollentransport durch Insekten. Mit einem Grashalm lässt sich dieser Vorgang sehr gut zeigen. Wir imitieren eine nektarsuchende Biene und drücken den Grashalm in den Blütenschlund einer Salbeiblüte. Die zuvor kaum sichtbaren Staubblätter mit ihren Staubbeuteln klappen sofort nach unten und würden nun auf dem behaarten Hinterteil der Biene Pollen hinterlassen. Beim Besuch der nächsten Salbeiblüte würde dieser an der weiblichen Blüte abgestreift. Der Griffel ist das doppelzüngige Fädchen, das über die Oberlippe der Blüte hinausragt.

Storchschnabel

Wiesen-Pippau

Trollblume

Wiesensalbei

Glockenblume

Margerite

Flockenblume

Herbstzeitlose

Bärenklau

Die Tierwelt der Wiesen

Manche Rehe leben den ganzen Sommer in den Wiesen und Feldern und ziehen sich im Winter in die Wälder zurück.

Viele Wiesennutzer unter den Säugetieren sind Pendler. Im angrenzenden Wald oder den Hecken finden sie optimale Aufzuchtmöglichkeiten für ihre Jungen; gleichzeitig nutzen sie das hohe Nahrungsangebot der Wiesen im Sommer. Manche Rehe leben sogar den ganzen Sommer in den Wiesen und Feldern der Kulturlandschaft und ziehen sich erst im Winter in die Wälder zurück. Mit diesen Beispielen wird klar, dass alle Lebensräume in enger Verbindung stehen und nicht einzeln gesehen werden dürfen.

Viele Wiesenbewohner wie der Hase und das Kaninchen haben ein braungefärbtes Fell, das sie gut tarnt. Mäuse schaffen sich durch ihre Gänge einen Schutz vor Greifvögeln. Der Igel sucht regelmäßig auf Wiesen nach Schnecken und Regenwürmern, seinen Unterschlupf hat er jedoch in der angrenzenden Hecke. Ist er nun ein Wiesentier, ein Heckentier oder gar ein Gartentier? Bei dieser Frage wird klar, dass in der Natur sehr oft fließende Übergänge bestehen, und somit wissenschaftliche Einteilungen immer nur ein Hilfsmittel zur Beschreibung von Natur sein können.

Der Maulwurf

- Walzenförmiger Körper mit großen Grabhänden.
- Lebt in selbst gegrabenen Gängen.
- Zeichen seiner Anwesenheit sind ca. 30 cm hohe Erdhügel.
- Sieht schlecht, orientiert sich aber mit Tasthaaren an Beinen, Schnauze und Schwanz.
- Frisst Regenwürmer, Schnecken und Engerlinge.

Die Mäuse

- Verschiedene Wühlmäuse, wie Erdmaus, Feldmaus und Rötelmaus, sind die häufigsten „Wiesenmäuse".
- Legen Gangsysteme mit Nestern aus Gras an.
- Vermehren sich alle 3–4 Jahre sehr stark.
- Können bis zu 50 Junge in einem Jahr aufziehen (6 Würfe).
- Ernähren sich von Kräutern, Gräsern und Samen.

Der Feldhase

- Lange Ohren und sehr lange Hinterbeine.
- Kann bis zu sieben Kilogramm wiegen.
- Scharrt sich Mulden (Sassen) in den Boden, in die er sich kauert und in denen er seine Jungen zur Welt bringt.
- Hauptsächlich in der Dämmerung aktiv.
- Neugeborene können sehen, sind behaart und fast lauffähig (Nestflüchter).
- Schlägt bei der Flucht Haken, um seine Feinde abzuhängen.

Das Kaninchen

- Kürzere Ohren als Hase; insgesamt kleiner.
- Wurde im Mittelalter vom Menschen aus Spanien zu uns gebracht.
- Gräbt Gänge mit Wurfkessel zur Jungenaufzucht.
- Bis zu 15 Junge pro Wurf und 5 Würfe pro Jahr; die Neugeborenen sind blind und nackt.
- Frisst Kräuter, Wurzeln und Gras.
- Hat viele Feinde und kann durch Seuchen sehr stark dezimiert werden.

Vögel der Wiesen

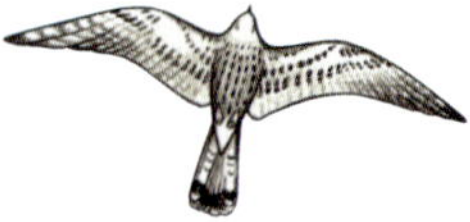

Flugbild des Turmfalken

Bei manchen Vogelarten ist das Prinzip der räumlichen Trennung von Nahrungsort und Brutort dank ihrer Flugfähigkeit noch stärker ausgeprägt als bei den Säugetieren. So sind Schwalben, Stare, der Storch oder die Schleiereule Wanderer zwischen zwei Welten: den menschlichen Siedlungen als Brutplatz und dem offenen Land als Ort der Nahrungssuche. Der Neuntöter braucht dagegen eine Hecke als Nistplatz und als Ausgangspunkt für seine Insektenjagd in den angrenzenden Wiesen. Dabei muss stets ein bestimmter Anteil kurz gemähter Wiesen in der Nähe sein, da er sonst die Beutetiere nicht entdecken kann. Viele Arten sind auf eine bestimmte Bewirtschaftungsart angewiesen. Ohne kleinflächiges Mähen der Wiesen nützt dem Neuntöter auch die dichteste Hecke nichts, da er keine Nahrung findet. Und auch der Kiebitz oder das Rebhuhn kann die noch flugunfähigen Jungen nicht vor dem Kreiselmähwerk retten, wenn die Wiese zu früh gemäht wird. Um solche Zusammenhänge aufzudecken, müssen Forschungen betrieben und die Erkenntnisse in praktische Naturschutzarbeit umgesetzt werden.

Der Turmfalke

- Einer der häufigsten Greifvögel.
- Lange schmale Flügel, schneller Flügelschlag.
- Steht oft auf der Stelle rüttelnd in der Luft.
- Typische *Kikikki*-Rufe
- Nistet in Krähen- oder Greifvogelnestern, bevorzugt jedoch die Taubenschläge oder Nistkästen in der Nähe des Menschen.
- Jagt Mäuse, die er von einer Ansitzwarte oder aus dem Rüttelflug erbeutet.
- Bleibt auch im Winter bei uns.

Die Feldlerche

- Etwa 18 cm lang, braun gefärbt.
- Fliegt singend am Himmel und lässt sich aus großer Höhe wie an einem Fallschirm auf den Boden sinken.
- Kann auch in reinen Ackergebieten leben.
- Ernährt sich von Insekten und Spinnen.
- Baut ein gut verstecktes Muldennest.
- Bis zu vier Junge, die sehr gut getarnt sind. Sie verlassen bereits nach zwei Wochen noch flugunfähig das Nest.
- Zieht im Winter nach Südeuropa.

Der Weisstorch

- Unverkennbar schwarz-weiß gefärbt.
- Fliegt mit ausgestrecktem Hals.
- Perfekter Segelflieger.
- Nistet auf Dächern oder Türmen.
- Ernährt sich von Kleinsäugern, Amphibien und Schlangen, die er auf Wiesen und an flachen Gewässern erbeutet.
- Klappert mit seinem Schnabel zur Verständigung mit Artgenossen.
- Zugvogel – fliegt jedes Jahr nach Ostafrika.

Das Rebhuhn

- Kleiner Hühnervogel (30 cm lang).
- Ursprünglicher Steppenvogel.
- Revierruf des Männchens: *Girräck.*
- Braucht Kulturlandschaft mit vielseitigem Nahrungsangebot (Unkrautsamen, Klee).
- Legt Bodennester mit bis zu 20 Eiern an.
- Junge brauchen sehr vielseitige Insektenkost wie Wiesenameisen, Raupen etc.
- Im Winter schließen sie sich in Gruppen mit bis zu 30 Vögeln zusammen.

Kleintiere der Wiese

Das Heer der Insekten zählt Myriaden

Die Vielfalt an Kleintieren in einer Blumenwiese ist überwältigend. Schmetterlinge, Käfer, Heupferdchen und Spinnen krabbeln zwischen den Halmen. Das Summen der Bienen und Hummeln sowie das Zirpen der Grillen sorgen für das akustische Flair von Sommerwiesen. „Fressen und gefressen werden", dieses Grundprinzip der Natur findet auch im Miniaturdschungel der Wiesen Tag für Tag statt.

Spinnen liegen auf der Lauer oder haben Netze gesponnen, um sich ihre Beute zu sichern. Laufkäfer huschen am Boden entlang und stürzen sich mit ihren scharfen Zangen auf unvorsichtige Insekten. Die Leichtigkeit der flatternden Schmetterlinge lässt vergessen, dass sie nur wenige Wochen zu leben haben. Den Großteil seines Lebens verbringt ein Schmetterling als Ei, Raupe oder Puppe. Die Raupen verschiedener Bläulingsarten geben über Drüsen Sekrete an Wiesenameisen ab, die dafür die Schmetterlingsraupen beschützen. Manche Arten schmuggeln sich sogar in Ameisenbauten und gaukeln den Ameisen durch die Abgabe von Geruchsstoffen vor, eine Ameisenlarve zu sein und werden mit Nahrung versorgt.

Frage

Was ist Kuckucksspeichel?

An manchen Pflanzenstengeln finden sich schaumige Gebilde, die im Volksmund als Kuckucksspeichel bezeichnet werden. Oft ist er an dem danach benannten Wiesenschaumkraut zu sehen. Der Verursacher ist die winzige Larve der Wiesenschaumzikade. Sie saugt Saft aus den Pflanzen und scheidet ihn zum Teil unverdaut wieder aus. Davor aber wird er mit Atemluft vollgepumpt und mit Eiweiß aufgeschäumt. In diesem Schaumnest ist die Larve vor Austrocknung sicher und auch vor Feinden geschützt.

Bläuling

Schachbrett

Perlmuttfalter

Pinselkäfer

Schmalbock

Schwebfliege

Krabbenspinne

Kreuzspinne

Wespenspinne

Felder – wo unser Brot entsteht

Die am stärksten veränderten Bereiche in unserer Kulturlandschaft sind die Felder. Dort wächst nur das, was der Landwirt gezielt anbaut. Getreide, Mais, Kartoffeln und Zückerrüben sind die wichtigsten Feldfrüchte. Begonnen hat die Landwirtschaft vor langer Zeit mit dem Getreideanbau. Unsere Getreidesorten sind genau genommen wilde Gräser, die vom Menschen in jahrtausendelangen Bemühungen gezüchtet wurden. Durch gezielte Auswahl der Pflanzen entstanden immer größere Körner mit zunehmendem Nährwert. Um den Pflanzen optimale Wuchsbedingungen zu geben, müssen unerwünschte Pflanzen – die Unkräuter – zurückgedrängt werden. Früher musste das durch Handarbeit geschehen, was nie zu einer vollständigen Ausrottung der Unkräuter führte. Im Zeitalter der chemischen Unkrautbekämpfung sind jedoch viele „Ackerunkräuter" wie der Mohn oder die Kornblume fast vollständig verschwunden.

Ein wunderschönes „Unkraut" im Getreidefeld: der Klatschmohn

Ebenso muss der Boden durch Pflügen und Eggen in einen lockeren Zustand gebracht werden, damit die Kulturpflanzen große Wurzeln ausbilden und viel Wasser aufnehmen können. In Form von organischem Dünger (Mist, Gülle) oder Mineraldünger („Kunstdünger") werden dem Boden zusätzliche Nährstoffe zugeführt. Sie lösen sich im Bodenwasser und werden in den Blättern mit Hilfe von Sonnenlicht und Kohlendioxid zu pflanzeneigenen Stoffen umgebaut. Ein Großteil dieser Produkte wird beim Getreide in den Körnern in Form von Stärke angelegt – einem für die menschliche Ernährung sehr wichtigen Stoff.

Roggen
Gerste
Hafer
Weizen

Hecken – die Miniaturwälder

Niemand kann sich der Faszination einer blühenden Heckenlandschaft im Frühling entziehen. Wie eine Märchenlandschaft unterteilen die schneeweißen Schlehenbüsche die Felder und Wiesen. Der süße Duft der Blüten, das Summen der Bienen und Vogelgesang vervollständigen diesen Naturgenuss.

Dornige Schlehenhecken konnten dem immer hungrigen Vieh am besten trotzen.

Hecken sind keine vom Menschen gezielt angelegten Bestandteile unserer Landschaft, sondern stellen das Ergebnis einer jahrhundertelangen Bewirtschaftung mit sehr beschränkten Mitteln dar.

So mussten große Steine zur Erleichterung der Feldbearbeitung zur Seite geschafft werden. Sie wurden an den Grundstücksgrenzen abgelagert und zwischen ihnen konnten sich Sträucher und Bäume ansiedeln. Vor allem dornige Sträucher, wie Schlehe und Weißdorn, konnten dem immer hungrigen Vieh am besten trotzen. Die Hecken wurden wie kleine Wälder von Zeit zu Zeit genutzt, um Brennholz zu ernten. Danach konnten die Sträucher wieder austreiben und dichtes Buschwerk ausbilden. Hecken haben sehr positive Auswirkungen auf die angrenzenden Felder und Wiesen. Sie bremsen den Wind, können an Hängen das Abspülen von Ackerboden verhindern und verbessern den Wasserhaushalt der angrenzenden Flächen durch Beschattung.

In sehr gedrängter Form gleicht der Aufbau einer Hecke mit Bäumen, Sträuchern und Bodenpflanzen dem des Waldes. Das Wesen einer Hecke machen aber die Sträucher aus.

Der Weißdorn

- Dornen, gelappte Blätter.
- Blüten riechen unangenehm.
- Wichtiger Nektarlieferant für Bienen und Aasfliegen.
- Seine Blätter und Früchte sind Nahrung für über 300 Insektenarten.
- Die roten Beeren sind Winternahrung für Vögel und Kleinsäuger.

Die Schlehe

- Üppige Blüte vor Laubaustritt.
- Kleine, gezähnte Blättchen.
- Bildet undurchdringliche Hecken.
- Kann Brachflächen durch Wurzelausläufer sehr schnell besiedeln.
- Blaue Früchte auch für den Menschen genießbar (Schlehenwein).
- Blüten finden Verwendung für Blutreinigungstee.

Die Heckenrose

- Stacheliger Strauch mit gefiederten Blättern.
- Blüht im Juni blassrot bis hellrosa.
- Sehr hohe Pollenproduktion, daher wichtige Nahrungsquelle für Bienen und Hummeln.
- Die Früchte (Hagebutten) sind sehr Vitamin-C-haltig.

Der Hartriegel

- Weißblühender Strauch mit rötlichen Ästen.
- Kugelige Doldenblüte.
- Blätter mit auffallend gebogenen Nerven.
- Bildet intensive Wurzelausläufer.
- Schwarze Beeren als Früchte.

Die Tierwelt der Hecken

Hecken werden oft als Lebenslinien einer Kulturlandschaft bezeichnet. Durch ihre langgezogene Form entstehen lange Berührungslinien zu den angrenzenden Feldern und Wiesen. Dies ist der Grund, warum sie trotz ihrer flächenmäßigen Kleinheit für viele Tierarten ein wichtiger Teil ihres Gesamtlebensraumes sind. In der Hecke finden sie Schutz und Brutmöglichkeiten, während sie auf den offenen Flächen nach Nahrung suchen. Andere Tiere verbringen dagegen ihr ganzes Leben in der Hecke. Für viele Kleintiere ist es deshalb wichtig, dass die Hecken untereinander verbunden sind, da sie keine großen Entfernungen über freie Flächen zurücklegen können, um Kontakt mit ihren Artgenossen zu halten.

Ein faszinierendes Heckentier ist die nur 5 mm große Rosengallwespe. Sie ist eine „Gentechnikerin", deren Larven die Knospen von Heckenrosen zum Wuchern bringen und zur Ausbildung von Gallen veranlassen. Von diesem Wuchergewebe ernähren sich die Larven. Gleichzeitig schützen diese im Volksmund als Schlafäpfel bezeichneten Gebilde die Larven bis zum Schlupf im nächsten Frühjahr.

Um ihren Larven Nahrung zu schaffen, bringt die Rosengallwespe die Knospen der Heckenrose zum Wuchern.

In Hecken wachsen oft üppige Brennnesselbestände. Sie sind Nahrung für die Raupen verschiedener Tagfalter wie den Kleinen Fuchs oder das Tagpfauenauge. Daneben gibt es eine ganze Reihe von Insektenarten wie den Brennnesselrüssler, die sich von den Blättern der Brennnessel ernähren. Die winzigen Samen sind Nahrung für den Dompfaff und die Erlenzeisige.

Neuntöter

Elster

Kuckuck

Goldammer

Mauswiesel

Steinmarder

Blindschleiche

Laufkäfer

Obstbäume – nützlich und schön

Einer der schönsten Teile unserer Kulturlandschaft sind Streuobstwiesen mit alten Obstbäumen und vielen Blumen. Dieses „Mittelding" aus Wald und Wiese lässt sich nur schwer charakterisieren. Mit den Obstbäumen kommt die dritte Dimension des Waldes hinzu. Bei entsprechender Flächenausdehnung können auch zahlreiche Waldtiere in den Obstwiesen leben. Meisen, Waldkauz und Grünspecht sind regelmäßig anzutreffen. Eichhörnchen und Fuchs sind im Sommer und Herbst wegen der Früchte häufige Besucher. Der Fuchs klettert sogar auf die Kirschbäume, um an die Früchte zu kommen, wie die Kirschkerne in seinen Kotwürstchen beweisen.

Ungespritzte Äpfel aus Streuobstbeständen sind immer noch die besten.

Die stark besonnten Baumkronen und die meist wenig gedüngten Wiesen sind zwei ineinander verschachtelte Biotope mit reichem Insektenleben. Darum sind die Obstgärten ein bevorzugtes Jagdgebiet unserer Fledermäuse. Durch ihre Flugfähigkeit sind sie so mobil wie Vögel und nutzen verschiedene Bereiche unserer Landschaft: Siedlungen für die Jungenaufzucht und offene Landschaft für die Nahrungssuche. Ihr geniales Ortungssystem mittels Echolot macht sie zu sehr erfolgreichen Nachtjägern. Es ist immer wieder spannend, an mondhellen Abenden ihre flatternden Jagdflüge zu verfolgen. Zusammen mit dem Leuchten der Glühwürmchen und dem Zirpen der Grillen wird ein solcher Abend im Obstgarten zu einem unvergesslichen Erlebnis für unsere Kinder.

Langohrfledermaus

Amsel

Star

Igel

Wespen

Streuobstwiese

Familien Expeditionen –

wie sie uns gefallen

Liebe Eltern,

Ein Ausflug macht mehr Spaß, wenn man sich viel Zeit dafür nimmt.

Kinder zu einem Spaziergang zu überreden ist gar nicht so leicht. Dabei kann es so viel Spaß bereiten, die Natur zu erkunden.

Auf den folgenden Seiten finden Sie viele Vorschläge, wie ein Ausflug ins Grüne zu einem richtigen Abenteuer wird. Damit die gemeinsamen Erlebnisse zu einem nachhaltigen Gewinn für alle werden, muss Folgendes beachtet werden:

Nehmen Sie sich viel Zeit für Ihre Spaziergänge, aber planen Sie nicht allzu große Strecken.
Das Verweilen an besonders schönen Stellen kann sehr inspirierend sein. Sie können mit allen Sinnen die Natur wahrnehmen und viel mehr entdecken als bei hastigem Vorbeieilen.

Wo man verweilt, entscheiden nicht nur die Eltern.
Oftmals finden Kinder ganz andere Dinge interessant als Erwachsene. Seien Sie offen für die kleinen Wunder am Wegrand und vor allem: Gehen Sie auf die Fragen Ihrer Kinder ein.

Eine Lupendose ...

Strapazierfähige und wetterfeste Kleidung tragen.
Festes und bequemes Schuhwerk versteht sich bei den natürlichen Unebenheiten, den Wurzeln und dem Unterwuchs im Wald von selbst. Lange Hosen verringern die Gefahr von unerfreulichen, schmerzhaften Kratzern und Insektenstichen. Besonders vorsorgliche Eltern denken auch an eine leichte Kopfbedeckung und für den Fall der Fälle an die Regenjacke. Sie wissen ja: Es gibt kein schlechtes Wetter, es gibt nur unpassende Kleidung!

Gute Ausrüstung erhöht den Wanderspaß.
Ihr Gepäckstück ist ein bequemer Rucksack, um die Hände zum Zeigen, Streicheln, Halten, Pflücken etc. frei zu haben. Ein paar kleine Snacks und Saft machen jede Rast zum Picknick und sind bei längeren Wanderungen sehr empfehlenswert. Um nicht wie Hänsel und Gretel im Wald zu enden, sind Landkarte und Kompass wichtig. Zur Sicherheit gehören Pflaster in verschiedenen Größen dazu. Eine kleine Schramme oder eine Blase verderben dann die Wanderlaune nicht. Um die kostbaren Funde (Blumen, Blätter, Zweige, Steine usw.) sicher nach Hause zu bringen, benötigt man passende Behältnisse, wie Plastikbeutel, Köcher oder Baumwolltasche. Taschenmesser, Fernglas und Becherlupe gehören unbedingt dazu.

... ein Fernglas ...

Achtung, und jetzt heißt es noch mal aufpassen, bevor es losgeht und – großes Indianerehrenwort – jeder verspricht, sich daran zu halten: So ein Waldspaziergang hat auch seine Regeln. Sie kommen nicht von ungefähr. Alle Eltern, die es nicht nur mit ihren Kindern, sondern auch mit der Natur gut meinen, werden diese Regeln ganz einfach erklären und begründen können:

- Lärm vermeiden
- Keine Abfälle wegwerfen
- Sich nie aus der Sichtweite der anderen entfernen
- Tiere und Pflanzen nicht beschädigen
- Nur Blumen und Pflanzen pflücken, die bekannt sind
- Nur Früchte und Beeren essen, die man wirklich kennt

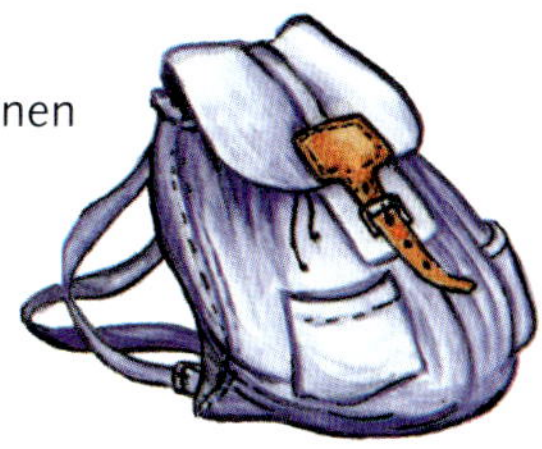

... und ein Rucksack gehören dazu.

Wenn das alles klar ist, kann es losgehen.

Viel Spaß!

Eine Expedition im Frühjahr

Jedes Jahr erleben wir die Faszination des Wiedererwachens der Natur. Die Sonne hat den Schnee zum größten Teil weggetaut. Nur an einigen schattigen Plätzen kann er ihr noch trotzen. Auf den Bäumen zeigt sich noch kein grünes Blatt. Doch am Waldboden, wo die wärmenden Sonnenstrahlen den Schnee schon früh geschmolzen haben, zeigen sich zwischen den abgefallenen Blättern des vergangenen Herbstes die ersten grünen Spitzen. Jetzt ist es Zeit für einen ausgiebigen Spaziergang in den Wald.

Jetzt kann´s losgehen!

Schnell ist alles, was wir brauchen, zusammengepackt. Feste, wasserdichte Schuhe sind jetzt besonders wichtig. Und los geht es. Um den Weg von zu Hause oder dem Autoparkplatz zum Wald kurzweiliger zu gestalten, veranstalten wir eine spannende Sägespäne-Schnitzeljagd. Zwei aus der Familie werden als Füchse ausgewählt. Sie bekommen einen Beutel Sägespäne und fünf bis zehn Minuten Vorsprung und legen ihre Spur, indem sie alle 20 bis 30 Schritte ein kleines Häufchen Sägespäne verstreuen. Haben die Füchse dann durch einen extradicken Sägespäne-Haufen das Ende ihrer Fährte markiert, verstecken sie sich und warten auf die Jäger.

Wenn sich alle wieder gefunden haben, geht es gemeinsam zur Walderkundung. Jetzt heißt es genau aufpassen und Ausschau halten nach den Frühblühern. Wer entdeckt die ersten Buschwindröschen oder die gelben Blütensterne des Scharbockskrauts?

Irgendwo an einem sonnigen Plätzchen verstecken sich bestimmt auch Schlüsselblume, Märzenbecher oder das lila Veilchen.

Einzelne kleine Blüten zu pflücken, um sie zu Hause zu pressen, ist schon mal erlaubt. Die gepressten Pflanzen werden mit dem Datum des Fundes versehen. So lässt sich ein schöner Jahreszeitenkalender beginnen, der in den kommenden Monaten des Jahres sorgsam vervollständigt wird.

Doch nicht nur auf dem Waldboden, sondern auch an manchen Sträuchern treiben die ersten Knospen. Sie zu entdecken, ist schon schwieriger und erfordert ein scharfes Auge. An den Zweigen der Haselnuss hängen noch die gelbbraunen männlichen Blütenkätzchen. Sie sehen aus wie Würstchen und sind leicht zu finden. Die winzigen roten weiblichen Blüten sind nicht so leicht zu entdecken. Unter der Lupe betrachtet, sind sie wunderschön und erinnern in ihrer Form an Korallen.

Die winzige weibliche Blüte der Haselnuss ist nicht so leicht zu entdecken.

Auch die Weiden zeigen ihre Blüten schon bald im Jahr. Die silbergrauen, pelzigen Weidenkätzchen leuchten in der Sonne und locken Bienen und Hummeln an, die den gelben Blütenstaub sammeln. Das ist ihr erstes Futter nach dem langen Winter.

Um genau beobachten zu können, was im Lauf des Jahres am Waldboden passiert, kann man einen geheimen Waldgarten anlegen. An einer versteckten Stelle im Wald wird ein Stückchen Boden mit Zweigen, Ästchen oder Steinen eingezäunt. Bei jedem Besuch lassen sich interessante Veränderungen feststellen. Wenn man selber Samen legt, kann man sogar noch mehr Einfluss darauf nehmen. Um das Ganze zu dokumentieren, ist es toll, wenn der Garten in regelmäßigen Abständen – vom Frühling bis zum Winter – fotografiert wird. Mit den Fotos lässt sich wunderbar ein Natur-Tagebuch führen, das dazu beiträgt, die vier Jahreszeiten intensiver zu verstehen.

Star, Dompfaff, Buchfink und Kohlmeise geben auch schon ein Konzert. Unsere schönen gefiederten Freunde sind auf Brautschau und müssen ordentlich singen und tirilieren, um die Weibchen zu beeindrucken und ihnen zu imponieren. Wer kann die Vogelstimmen auseinander halten und erkennen?

Ballen von Froschlaich

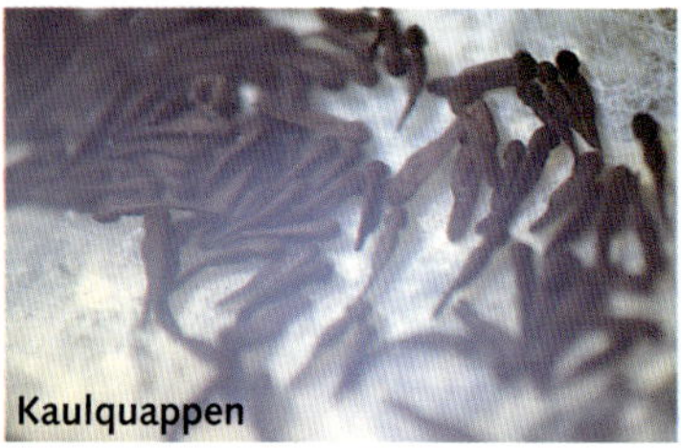
Kaulquappen

Die Entwicklung einer Kaulquappe ist eine spannende Sache!

An Tümpeln und Teichen findet man als aufmerksamer Natur-Detektiv vielleicht auch Laich. Das sind befruchtete Frosch- und Kröteneier, die oft in fußballgroßen Klumpen an der Wasseroberfläche schwimmen. Sie bestehen aus vielen hundert schwarzen Eiern in einer gallertartigen Masse. Dieser Laich steht unter Naturschutz. Wir dürfen ihn also nicht herausnehmen. Wer sich die Laichplätze merkt, kann jede Woche mal vorbeischauen und die Laichentwicklung zur Kaulquappe beobachten.

Eine Frühlingswanderung im Wald hat noch viel mehr zu bieten. Damit die Wanderung auch ihre Höhepunkte hat, haben wir nachfolgend noch einige Aktionen ausgesucht. Werden sie als Überraschung geplant, haben sie noch einen zusätzlichen Reiz.

SPIEL-SPASS-TIPPS

Das Riech-Spiel

Gepflückte Blumen werden allen zum Riechen unter die Nase gehalten, natürlich nicht, ohne vorher die Augen mit einem Tuch oder Schal zu verbinden. Wer die meisten Düfte richtig erschnüffelt hat, ist der Gewinner. Natürlich darf zum Irreführen auch mal eine „falsche" Sache zum Riechen angeboten werden, z. B. eine Hand voller Waldboden oder ein Wurstbrot aus dem Proviant.

Das Umarm-Spiel

Einen Baum wie einen Freund umarmen …

Die Bäume des Waldes haben – wie wir Menschen – ein unterschiedliches Alter, und ihre Stämme sind unterschiedlich dick. Ein Riesenspaß ist es, wenn jeder die Bäume umarmt, um herauszufinden, welcher Stamm so dick ist, dass seine Arme gerade noch herumreichen. Bäume größeren Umfangs können wir gemeinsam umfassen und ganz dünne vielleicht wie einen guten Freund in einen Arm nehmen.

Der Familien-Frühlings-Tipp

So eine großartige, interessante Exkursion macht müde und hungrig. Nachdem der ganze Proviant aufgebraucht ist, haben wir Platz im Rucksack, um Essbares aus der Natur für das Abendbrot zu Hause einzusammeln. Im Frühling bieten sich junge Löwenzahn- oder Brennnesselblätter an. (Weitere Rezepte auf Seite 44 und 45.)

Wer sich unterwegs einen kleinen Vorrat pflückt, kann davon zu Hause einen leckeren Salat zaubern. Mit wenig Essig, Öl, Salz und, wer mag, mit etwas Knoblauch und einem Spritzer Zitronensaft abschmecken. Ein Butterbrot, einen heißen Tee oder eine Tasse Milch dazu – fertig ist das Abendbrot. Beim Essen kann dann jeder erzählen, was ihm am besten gefallen hat. Dabei entstehen viele neue Ideen, die gleich zur nächsten Expedition in die Natur anregen.

Eine Expedition im Sommer

In der warmen Jahreszeit bietet der Wald eine Unmenge an wundersamen Dingen, die nur darauf warten, entdeckt zu werden. Dies ist auch die gemütlichste Zeit für ein kleines Picknick, natürlich ohne dass Spuren davon im Wald zurückbleiben. Der kühlende Schatten, aber auch die sonnige Lichtung laden ein zum Verweilen, Beobachten und Lauschen, zum Beispiel auf das Rauschen der Blätter und das Wispern der Zitterpappeln.

Das Wasser macht im Sommer am meisten Spaß.

Schon zu Beginn unseres Ausfluges bekommt jeder eine kleine Beobachtungsaufgabe. Auf dem Hinweg wird an jedes Kind eine Blume ausgeteilt, die den Eltern bereits bekannt ist. Nach dieser Pflanzenart sollen sie Ausschau halten. Wird das Pflänzchen wieder entdeckt, können gemeinsam besondere Merkmale erkannt werden. Wer ein Bestimmungsbuch zur Hand hat, kann daraus noch mehr über die Pflanzen erfahren.

Wenn wir uns in der Nähe von Nistplätzen aufhalten, können wir die Bettelrufe der Jungvögel hören. Ein Riesenspaß ist es, fressende Insekten an Blättern zu beobachten. Wer sie entdeckt, ist bestimmt froh, wenn er eine Lupe dabei hat. Die Lupe ist auch besonders wichtig, wenn man den Waldboden erkundet. Ist er einigermaßen trocken, kann man ihn sieben. Jeder wird erstaunt sein, wie viele kleine Wesen es in einer Hand voll Erde gibt.

Viele Tiere sieht man erst mit einer Lupe genau.

Die Bäume stehen in voller Pracht. Die Baumrinden fühlen sich jetzt warm an – ganz anders als im Frühjahr. Mit etwas Glück kann man Hackspuren von

Spechten entdecken, und vielleicht hat jemand Lust, ähnlich wie der Specht, in einem morschen Holz selbst nach etwas „Essbarem" zu suchen. Ein morsches Holz oder eine Wurzel, wenn sie lose im Wald liegen, sind also nur scheinbar unnütz.

Manche Äste eignen sich als Spazierstock, andere zur Dekoration oder zum Basteln zu Hause. Wenn der Waldboden weich oder feucht ist, kann man nach Trittspuren Ausschau halten. Mit ein wenig Erfahrung oder mit Hilfe eines Bestimmungsbuches lässt sich feststellen, von welchem Tier sie stammen. Wer hat schon einmal Harz, feuchtes Moos oder zerriebene Blätter gerochen? Das sind ganz besondere Düfte, die sich jede Nase einprägen wird und die man später immer wieder erkennt.

Einen Blütenkranz zu flechten, ist gar nicht schwer.

Nach einer langen Wanderung braucht man auch eine Rast. Dafür sucht man am besten ein Plätzchen am Wiesenrand. Wer die Pause nicht zur körperlichen Stärkung braucht, benutzt sie zum Träumen. Dabei lässt man sich einfach fallen und die Eindrücke auf sich wirken. Das tut so gut!

Wir legen uns auf die Wiese, schließen die Augen und lauschen ganz aufmerksam. Welche Geräusche kommen aus der Wiese? Oder es werden Dinge beobachtet, die im Blickfeld sind, wie Blumen und Gräser. Wer kann Tiere entdecken? Kleine Insekten vielleicht? Was tun sie gerade? Jetzt konzentrieren wir uns auf die Gerüche. Na, wonach duftet es? Wir öffnen die Augen wieder. – Einfach mal ausprobieren!

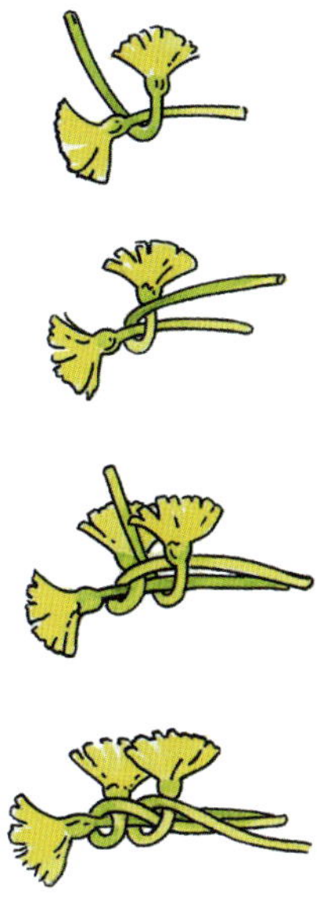

SPIEL-SPASS-TIPPS

Das Kuller-Spiel

Wenn wir auf unserem Spaziergang eine Wiese am Hang finden, können alle um die Wette hangabwärts kullern. Dabei nicht schräg zu rollen und aus der Bahn zu geraten, ist eine große Kunst.

Das Sammel-Spiel

Wenn man das Sammeln gleich zu Beginn des Waldspazierganges unter ein bestimmtes Thema stellt, gibt es erstaunlich vielfältige Möglichkeiten. Heute sammeln wir vielleicht einfach alle Farben: etwas Rotes, etwas Gelbes, etwas Grünes, etwas Schwarzes, etwas Braunes ... Wer am Ende die meisten Farben hat, ist der Gewinner. Das kann sich morgen schon ändern, wenn wir zum Beispiel etwas Rundes, etwas Glattes, etwas Krummes, etwas Hässliches, etwas Schönes, etwas Feuchtes oder Kratziges suchen müssen. Manche Fundstücke sind so schön, dass man sie hinterher zu Hause noch abmalen oder auf einem Stück Pappe arrangieren kann.

Etwas Rotes, etwas Rundes, etwas Stacheliges – im Wald gibt es unendlich viel zu Sammeln.

Das Saubermann-Spiel

Wer Sammeln zu seiner Leidenschaft gemacht hat, kann auch ein ganz besonderes Spiel ausprobieren. Ausgestattet mit Gummihandschuhen, einer Tüte und einem unten angespitzten Stock, machen wir uns auf die Suche nach all den Dingen, die nicht in den Wald gehören. Gewinner ist derjenige, der den meisten Müll gesammelt hat. Das Schöne an diesem Spiel ist, dass es eigentlich keinen richtigen Sieger braucht, denn wenn jeder mitmacht, gewinnt immer der Wald.

Das Insekten-Schüttel-Spiel

Damit man einmal sieht, was in den Büschen alles an Insekten kreucht und fleucht, breitet man unter einem Strauch ein helles Tuch oder einen umgedrehten Regenschirm aus. Dann schüttelt man heftig. Es ist erstaunlich, was da alles für verschiedene Insekten zum Vorschein kommen. Mit der Becherlupe werden sie in Augenschein genommen und dann wieder am Strauch in die Freiheit entlassen.

Das Lehrer-Spiel

Wir können auch voneinander lernen. Jeder spielt einmal Lehrer oder Lehrerin und zeigt bzw. erklärt den anderen, was es Bemerkenswertes in der Umgebung zu sehen gibt.

Der Barfuß-Spaß

Der Sommer ist die beste Zeit für Barfuß-Spiele aller Art. Dabei geht es in keiner Weise ums Gewinnen, sondern einfach ums Erfühlen und Genießen. Nicht nur weiche Wiesen sind für unsere empfindsamen Fußsohlen ein Genuss. Auch Moos, Waldboden mit Zapfen und kleinen Zweigen, Matschboden, wenn er warm ist und natürlich das Wasser von Bächen und Seen. Die Füße fühlen Beschaffenheit und Temperatur viel genauer, als man denkt, wenn man ihnen dazu Gelegenheit gibt. Mit ein bisschen Vorsicht kann man sich auch barfuß auf Waldboden begeben, und das Balancieren auf umgestürzten oder gefällten Baumstämmen macht barfuß doppelt so viel Spaß.

Die Füße fühlen genauer, als man denkt.

Das Baum-Jäger-Spiel

An einer Stelle, an der die Bäume nicht so dicht stehen, ist Platz für das Baum-Jäger-Spiel. Der mittlere (oder vielleicht der größte) Baum dient dem Jäger als Gefängnis. Jeder Spieler sucht sich einen Baum. In dessen unmittelbarer Nähe ist er in Sicherheit. Auf Pfiff versuchen alle, den Baum des rechten Nachbarn zu erreichen, ohne vom Jäger berührt zu werden. Wer berührt wird, muss ins Gefängnis oder wird für die nächste Runde Jäger und muss von seinem mittleren Baum aus wieder auf Jagd gehen.

Der Ameisen-Spaß

Wer das Glück hat, einen Ameisenhaufen im Wald zu finden, kann sich mit den kleinen fleißigen Wesen mal einen Jux erlauben. Zunächst einmal sollte man nur beobachten und dabei vorsichtig sein. Ameisen können mit ihren kräftigen Kiefern ordentlich beißen und sondern aus einer Drüse im Hinterleib ein scharfes Sekret ab, um sich zu verteidigen. Uns Menschen juckt so ein Ameisenbiss, kombiniert mit der Ameisensäure, ganz erheblich. Wenn wir eine violette Blüte suchen und sie an den Ameisenhaufen halten, bekämpfen die kleinen Waldpolizisten den vermeintlichen Eindringling sofort und bespritzen die Blüte mit ihrer Säure. Die Blüte färbt sich rot an den Stellen, die von Säuretropfen getroffen werden.

Zur Abwehr verspritzen Ameisen ein scharfes Sekret.

Der Familien-Sommer-Tipp

Es gibt ein Zauber-Wunderkraut, das man tatsächlich finden kann. Um den Tag der Sommersonnenwende steht das Johanniskraut in voller Blüte. Diese wunderschöne Sonnenpflanze hat goldgelbe, fünfstrahlige Blüten, und ihre Staubblätter strahlen wie kleine Funken. Zerreibt man die Blüten zwischen den Fingern, tritt blutroter Saft heraus. Der Johanniskrautsaft hat eine große Heilwirkung. Dieses geheimnisvolle Rotöl zu gewinnen ist wegen des faszinierenden Farbenschauspiels ein besonderes Erlebnis.

Johanniskrautöl hilft bei Quetsch-, Schürf- und Brandwunden.

Also aufgepasst: Am Ende des Sommerausflugs bei trockenem, sonnigen Wetter sammeln wir die Blüten des Johanniskrauts locker in ein helles Schraubglas. Zu Hause werden die Blüten mit kaltgepresstem Olivenöl, Lein- oder Sonnenblumenöl übergossen. Das gut verschlossene Glas wird in die Sonne gestellt und möglichst täglich kurz geschüttelt. Das Öl verfärbt sich von Gelb zu Dunkelrot.

Nach drei bis vier Wochen ist die Naturmedizin fertig. Die Blüten, die jetzt ihren Saft an das Öl abgegeben haben, werden mit einen Baumwoll- oder Leinentuch abgesiebt. Um die Heilkraft des Öls zu erhalten, wird es in einer braunen oder grünen Flasche (Schutz vor Lichteinfall) kühl gelagert.

So gewinnt man ein Heilmittel gegen Quetsch-, Schürf- und Brandwunden, das bis zum nächsten Sommer verwendet werden kann.

Eine Expedition im Herbst

Der Herbst malt die Blätter an. Der Wald ist so farbenprächtig, maisgelb bis rostrot, mahagonibraun bis feuerrot, dass viele Menschen bedauern, nicht malen zu können wie er. Dabei käme es nur auf einen Versuch an. Wer sich dennoch an Pinsel und Farbe nicht so recht rantraut, kann zumindest die wunderbunten Blätter der Herbstbäume sammeln, um sie zu pressen. Mit Gräsern und Zweigen gemischt ergeben bunte Blätter einen herrlichen Herbststrauß.

Der Herbst färbt die Blätter bunt.

Überhaupt ist diese Jahreszeit im Wald für alle Sammler eine traumhafte Zeit. Eicheln, Kastanien und verschiedene Zapfen eignen sich sehr gut zum Basteln.

Der Herbst ist auch die Zeit der Pilze. An vielen Stellen stecken sie ihre Köpfe aus dem Waldboden. Sammeln sollte man Pilze aber nur dann, wenn man sich damit gut auskennt. Es gibt nämlich unter ihnen sehr giftige, die tödlich sein können. Wenn man sich nicht absolut sicher ist, lässt man lieber die Finger davon. Mit ihren vielen verschiedenen Farben sind sie fast so bunt wie das Herbstlaub, und wenn man sie genau betrachtet, entdeckt man, dass sie richtige kleine Kunstwerke der Natur sind.

Für die bevorstehende Herbstwanderung bereiten wir gemeinsam Walnuss-Schiffchen vor. Am Ende unserer Hebst-Expedition können sie zu einem echten Höhepunkt werden.

Steinpilz

Die Walnuss-Lichterschiffchen-Bastelei

Die Walnuss-Lichter-Schiffchen müssen zu Hause vorbereitet werden.

Halbe Walnussschalen werden von einer gut tropfenden Kerze bis zum Rand mit Wachs gefüllt. In das erkaltende Wachs steckt man jeweils ein ca. 2 cm langes Dochtstück, welches vorher mit flüssigen Wachs getränkt wurde. Wenn die kleinen Walnuss-Lichter-Schiffchen hergestellt sind, werden sie beim nächsten Ausflug sorgsam in den Rucksack zu den anderen Dingen gepackt.

Der Herbst ist die Zeit der Holzernte. Dann finden wir an den Waldwegen frisch gefällte Baumstämme, die wir zu den beiden nachfolgenden Spielen gut gebrauchen können.

SPIEL-SPASS-TIPPS

Das Baumtelefon-Spiel

Holz klingt – schon gewusst? Man klopft mit dem Finger oder mit einem Stein an einem Ende des liegenden Baumstammes. Das Klopfen ist am anderen Ende gut zu hören. Manchmal sind die Schwingungen sogar mit der Hand zu spüren.

Das Balancier-Spiel

Balancieren macht auch alleine Spaß!

Ein liegender langer breiter Baumstamm ist das Einzige, was man für diesen Spaß braucht. Alle stellen sich in kleinen Abständen auf den Stamm. Der Erste versucht nun, den Stamm entlang zu balancieren. Die anderen sind Hindernisse, die er nur überwinden kann, wenn er sich an ihnen festklammert und sich vorbeihangelt. Jeder hilft dabei, so gut er kann, denn keiner darf den Boden berühren oder vom Baumstam herunterfallen. Wenn das passiert, ist der nächste dran.

Das Waldkönig-Laubhaufen-Spiel

Wer Blätter sammeln mag, aber keine Lust hat, sie zu pressen, kann etwas ganz Besonderes tun. Eine Rolle fester Bindfaden und ein Taschenmesser ist alles,

Eine Laubkrone macht das Kind zur Waldkönigin.

woran man denken muss, bevor es losgeht. Vielleicht noch einen Fotoapparat. Aus vielen bunten Blättern zaubern wir uns dann im Wald das Kostüm einer echten Waldkönigin. Die Blätter werden dicht mit dem Bindfaden aufgefädelt. Dann wird der Faden nach ungefähr 50 cm abgeschnitten und die beiden Enden verknotet. Schon haben wir eine Waldkönigskrone. Natürlich kann man auch viele andere „Kleidungsstücke" aus Laub basteln. Oder aber man nimmt das Laub so, wie es ist. Wenn man es zu großen Haufen zusammenschiebt, kann man sich nicht nur darin einbetten oder wie aus Fenstern nur mit dem Kopf herausschauen. Riesigen Spass macht auch eine richtig tolle Laubschlacht.

Der Beobachtungs-Spaß

Wer denkt, dass ein alter Baumstrunk tot und nichts Besonderes ist, liegt völlig falsch. Wenn wir ihn genauer untersuchen, entdecken wir bereits auf seiner Oberfläche Moose, Flechten und manchmal sogar Pilze. Wenn wir den Baumstrunk von außen genau betrachtet haben, entfernen wir etwas Rinde und werden überrascht sein, wie viele Kleintiere darunter Leben. Wir fangen einige und geben sie in unsere Becherlupen. Zunächst werden die Spinnen, Ameisen, Asseln, Käfer oder Ohrwürmer wie wild durcheinander

sausen. Wenn sie sich jedoch etwas beruhigt haben und wir auch die Lupe still halten, können sie gut beobachtet werden.

Die Walnuss-Lichter-Schiffchen-Fahrt

Wenn alle genug getobt und geklettert sind, gelauscht und beobachtet haben, gibt es zum Schluss noch etwas ganz Besonderes – unsere Lichterfahrt! Wer erinnert sich an unsere gebastelten Walnuss-Schiffchen? Natürlich! Und jetzt heißt es nur noch, ein kleines Bächlein suchen, auf dem sie schwimmen können. Mama oder Papa zünden die Lichter an. Vorsichtig werden sie aufs Wasser gesetzt und los geht's. Lauft noch ein Stück, amBächlein entlang.

Und – war das nicht ein schöner Tag?

Der Höhepunkt der Herbst-expedition: eine Lichterfahrt

Der Familien-Herbst-Tipp

Wenn wir wissen, dass in unserem Wald besonders viele Kastanien stehen, nehmen wir zur Wanderung Stoffbeutel mit. Mit gesammelten Kastanien kann man wunderbar und ganz einfach Massagekissen machen. Stoffstücke aus Baumwolle oder Leinen in der Größe von 40 x 40 cm (oder auch kleiner) zuschneiden, an drei Seiten zusammennähen, die getrockneten Kastanien einfüllen und ganz zunähen. Das Säckchen immer trocken lagern, sonst schimmeln die Kastanien. Das große Säckchen ist toll für Fuß- oder Rückenmassage und das kleinere für den Nacken.

Heißer Tipp: Die Kastanienmassagekissen sind besonders hilfreich und entspannend, wenn man sie vor jeder Benutzung im Ofen erwärmt.
Einfach genial!

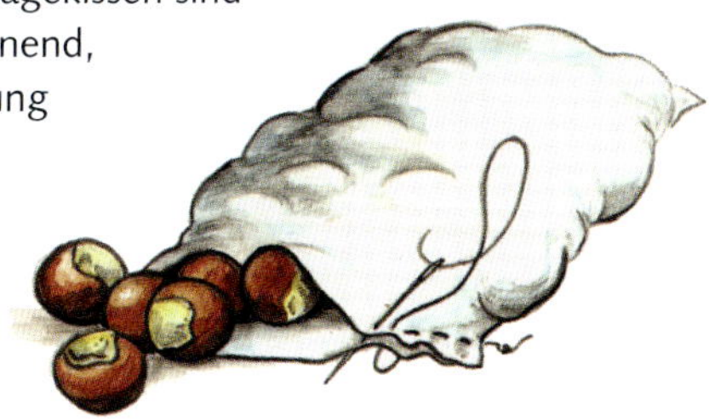

Eine Expedition im Winter

Die weiße Jahreszeit macht alles stiller, besonders im Wald. Wenn viel Schnee liegt, gehen wir im Gänsemarsch hintereinander und treten einen richtigen Expeditionspfad. Von unserem Pfad aus machen wir kleine Erkundungstouren, um Tierspuren zu entdecken und ihnen möglichst lange zu folgen. Vogelspuren sind natürlich am schwersten auseinander zu halten. Aber die der größeren Tiere sind jetzt sehr gut zu bestimmen. Wer sich nicht sicher ist, nimmt sein schlaues Bestimmungsbuch zu Hilfe.

Auch im Winter können die Nadelbäume einfach bestimmt werden.

Nadelbäume sehen im Winterwald besonders prächtig aus, und dass nicht jeder Nadelbaum eine Tanne ist, erkennt und erfühlt man, wenn man sich genauer damit beschäftigt. Die Nadeln, die Früchte, die Form der Zweige, alles ist sehr unterschiedlich. Mit einigem Glück entdeckt man vielleicht sogar die Zapfenschmiede eines Buntspechtes.

Besonders spannend ist es, das Alter von Bäumen zu bestimmen. Wenn ein Baum gefällt ist, sieht man – mehr oder weniger deutlich – auf seinem Stumpf helle und dunkle Ringe. Das kräftige, saftige Wachstum des Baumes im Frühjahr zeigt einen hellen Ring und das langsamere Wachstum im Sommer einen dunklen. Wer also die Jahresringe zählt, kann ziemlich genau rauskriegen, wie alt der Baum ist.

Achtung – **kleiner Tipp!** Zur Winterwanderung bitte bei Schnee unbedingt ein paar Teelichter und Streichhölzer einstecken. Sie werden für den Iglu-Spaß benötigt.

Der Schneemann-Spaß

Wenn richtig Schnee liegt, gibt es keinen schöneren Platz für einen Schneemann als den Wald. Wir rollen zwei bis drei große Schneekugeln, stellen sie übereinander und dekorieren den Guten mit allem, was zu finden ist. Oder ganz einfach – wer baut den höchsten Schneeturm?

Das Tannenzapfen-Spiel

SPIEL-SPASS-TIPPS

Eierlaufen kennt jeder, aber Tannenzapfen, die nicht auf Löffeln, sondern auf Astgabeln balanciert werden, gibt es nur im Wald. Wenn man zwei Staffeln bildet, wird es besonders spaßig, weil bei der Übergabe die meisten Zapfen runterfallen. Wem das passiert, der muss die Runde noch einmal laufen.

Der Iglu-Spaß

Ein Iglu zu bauen, ist eine aufwendige Angelegenheit. Man braucht viel Zeit dazu und gutes Werkzeug. Außerdem muss der Schnee gut verharscht sein. Ein Mini-Iglu allerdings kann man ohne großen Aufwand bauen: Mit den Händen formen wir kleine Schneebälle, Schneeplatten oder Schneeblöcke, die wir wie Bausteine zu einem maulwurfshügelgroßen Mini-Schneehaus zusammensetzen. Wenn es fertig ist, stellen wir ein angezündetes Teelicht hinein. Das Licht schimmert in der Dunkelheit durch die Schneewände, wärmt die Luft im Inneren und taut langsam ein Loch in die Decke unseres Iglus.

Der Familien-Winter-Tipp

Es gibt nichts Schöneres als aus der kalten Winterluft ins gut geheizte Häuschen zu kommen. Optimal ist es, wenn als Überraschung für die Familie auch etwas Leckeres vorbereitet ist: zum Beispiel Bratäpfel.

Jetzt können wir ganz in Ruhe von den kalten Wald-Erlebnissen des Tages erzählen. Der Frost kann uns nichts mehr anhaben und die Kerzen im Zimmer müssen kein Iglu zum Schmelzen bringen, sondern nur Gemütlichkeit herbeizaubern. Bestimmt werden schon die nächsten Pläne für eine neue Erkundungstour gemacht.

Heiße Bratäpfel nach einer Schlittenfahrt schmecken einfach köstlich.

Das Rezept dazu: Bratäpfel mit Vanillesoße

Dazu braucht ihr (für 4 Personen): 4 Äpfel (am besten die Sorte Boskop), je 4 Teelöffel grob gehackte Haselnüsse, Rosinen und rote Marmelade oder Honig. Für die Vanillesoße: 1 Päckchen Vanillesoßenpulver, Milch und Zucker.

... und so wird's gemacht:

Die Äpfel werden gewaschen. Danach wird das Apfelgehäuse mit dem Ausstecher oder einem kleinen Messer ausgestochen. Vorsicht, nicht durchstechen! Jetzt die Äpfel abwechselnd mit Haselnüssen, Marmelade oder Honig und Rosinen füllen. Die gefüllten Äpfel in eine Auflaufform stellen und bei 250 Grad im Backofen ungefähr 40 Minuten lang braten. In dieser Zeit wird die Vanillesoße nach Gebrauchsanweisung auf der Packung zubereitet.

Wenn die Äpfel aus dem Backofen kommen, sofort mit der heißen Vanillesoße übergießen. Die herrlich duftenden Bratäpfel kommen gleich auf den Tisch, um den schon die ganze Familie versammelt ist.

Vögel füttern

Vögel müssen eigentlich auch im strengsten Winter nicht gefüttert werden. Sie sind so gut an ihren Lebensraum angepasst, dass sie auch harten Frost überleben. Im Gegenteil – wird den Tieren die Nahrungssuche vom Menschen erleichtert, verlieren sie die Fähigkeit, sich unter harten Bedingungen selbst zu ernähren. Um aber Kinder für die Natur zu begeistern, ist eine maßvolle Fütterung durchaus zu vertreten. Dazu ist eine frei hängende Vogelglocke gut geeignet, denn der nach unten hängende Stab ist wie eine natürliche Anflugmöglichkeit.

Vögel sind am einfachsten am Futterplatz zu beobachten.

Zutaten: Pflanzenfett, Sonnenblumenkerne oder Weizenkleie, Öl, Blumentopf, Rundholz, Draht

Das Rundholz wird durch das Loch im Blumentopf gezogen, sodass nach dem Füllen des Futters noch ca. 10 cm rausschauen.

... und so wird's gemacht: In einem Topf wird das gekaufte Pflanzenfett geschmolzen und mit der gleichen Menge Sonnenblumenkerne oder Weizenkleie und ein paar Tropfen Salatöl vermengt. Wenn die Masse abgekühlt und fest geworden ist, den vorbereiteten Blumentopf großzügig damit füllen. Blumentopf umdrehen und am oberen Ende des Holzstabes eine Schlaufe aus Blumendraht befestigen, mit der die Futterglocke an einem Ast aufgehängt wird. Am besten so hängen, dass keine Katze herankommt.

Achtung! Speisereste sind Gift für die Vögel! Sie enthalten Salz und schon die geringste Menge kann für manche Vögel tödlich wirken.

Expedition durch die Nacht bis zur Morgendämmerung

Die Nachtwanderung ist ein Erlebnis der besonderen Art. Wenn die Augen sich an die Dunkelheit gewöhnt haben, kann man staunen, wie hell der Mond leuchtet. Manchmal, bei Vollmond, ist es so hell, dass man sogar Schatten wirft. Da braucht man überhaupt keine Taschenlampe um sich zurechtzufinden.

Eine Nachtwanderung muss gut vorbereitet sein.

In der Nacht sind ganz andere Tiere aktiv als tagsüber. Marder, Siebenschläfer, Dachs, Wildschwein und Hirsch sind in der Dunkelheit unterwegs. Meist gibt es aber nur sehr flüchtige Begegnungen: Ein Rascheln, eine schemenhafte Gestalt, ein Schatten und schon hat der Wald die Tiere wieder verschluckt. Wir können uns aber den Ort der Beobachtung merken und am nächsten Morgen nach Spuren suchen.

Frösche, Kröten, Molche, Salamander und einige Schnecken lieben das Nachtleben, und es gibt viele Nachtfalter. Die Nachtigall hat ihren Namen wegen ihres nächtlichen Gesanges bekommen und die Rufe des Waldkauzes können wir die ganze Nacht hindurch hören.

Weil wir so wenig sehen können, hören sich die Geräusche viel unheimlicher an als bei Licht. Wenn uns ein bisschen bange ist, fassen wir uns an den Händen. Dann können wir uns auch gegenseitig stützen, wenn mal einer stolpert. Damit man im Dunkeln die anderen nicht verliert und sich auch ein bisschen sicherer fühlt, kann man ein langes Seil nehmen. Alle binden sich daran fest, wie die Bergsteiger. Natürlich muss man dann im angemessenen Tempo laufen und kann nicht wild durch die Bäume sausen, sonst gibt es einen heillosen Knoten.

Um ein Verlaufen möglichst zu vermeiden, sollte der Weg, den wir gehen, wenigstens einem von uns gut bekannt sein. Ein bisschen Abenteuer, aber vor allem auch viel Sicherheit – das ist die Hauptsache bei Spielen im Wald und in der Dunkelheit.

Gibt es in unserem Wald einen Bach, müssen wir ihn unbedingt besuchen. Im silbrigen Mondlicht wirkt das Wasser ganz anders als bei Tag. Es gluckst, rauscht und glitzert auf eine ganz eigene Art. Aber aufpassen und gut festhalten, dass wir nicht aus Vesehen in das kalte Wasser fallen.

Eine Übernachtung im Freien ist nicht nur bei Vollmond ein großes Abenteuer.

Ein unglaublich großes Abenteuer ist es, sich eine ganze Nacht im Wald aufzuhalten. Von der Abenddämmerung bis zum Morgengrauen gibt es so viel Leben und Bewegung im Wald, das muss man einfach einmal erlebt haben. Ideal für die Sommerferien. Da wollen die Kinder sowieso nicht ins Bett.

Natürlich bedarf es dazu vor allem zweier Dinge: Erstens braucht man ein bisschen Mut und zweitens muss die Sache gründlichst vorbereitet werden: Außer der üblichen Ausstattung für eine Waldexkursion braucht man eine Taschenlampe, ausreichend Proviant, warme Kleidung und kuschelige Schlafsäcke. Ein Mittel gegen Stechmücken ist eventuell notwendig. Für Beobachtungen in der Dämmerung sind Ferngläser wichtig. Und am besten den Schlafplatz an einer Lichtung platzieren.

Auch sollte eine Nacht unter Sternen vorher gründlich besprochen werden. Vielleicht hat ja jeder in der Familie eine völlig andere Vorstellung davon.

Möglicherweise will der eine eher Grusel- und Abenteuergeschichten in der tiefen Nacht erzählen. Der andere möchte stundenlang nur die Sterne anschauen und dann unter freiem Himmel einschlafen. Der dritte möchte vielleicht all die Tiere beobachten, die er am Tag nicht erleben kann.

Also in Ruhe vorher abstimmen, was jeder will. Bestimmt gelingt es dann, diese Nacht zum unvergesslichen Erlebnis zu machen.

Am frühen Morgen kann man ungwöhnliche Dinge beobachten.

Guten Morgen!

Für die, die im Freien übernachtet haben oder für die, die erst in der Morgendämmerung ihren Ausflug beginnen: Im Morgengrauen, wenn der Tag anbricht und von Osten her die ersten Lichtschimmer bemerkbar sind, können wir wundersame Dinge beobachten. Manche Tiere sind hauptsächlich in der Morgen- oder Abenddämmerung aktiv. Fledermäuse, Igel, Feldhasen und viele Insekten sind dann am besten zu beobachten.

Hier einige spannende Beobachtungsaufgaben: Wann kommen Insekten geflogen und welche kommen zuerst? Gibt es eine Rangordnung? Wir beobachten mal, ob vielleicht Schmetterlinge an Hummeln ihren Futterplatz abgeben müssen, wenn diese angesummt kommen. Gibt es Pflanzen und Blüten, die von allen Insekten gemieden werden?

Die Vögel haben einen genauen Zeitplan, wann sie am Morgen zu singen beginnen. Es ist unglaublich spannend, darauf zu achten, wann welche Vogelstimme einsetzt. Den Waldkauz hört man die ganze Nacht, sobald es dunkel ist. Die Amsel beispielsweise kann man ab ungefähr 3 Uhr morgens hören. Rotkehlchen,

Kohlmeise, Zaunkönig und Buchfink erwachen später. Ihr Konzert beginnt erst so gegen 4 Uhr. Der Star steht erst gegen 5 Uhr auf u.s.w.

Es gibt prima CDs mit Vogelstimmenaufnahmen. Wer sie sich vor der Wanderung genau angehört hat, kann die einzelnen Vögel sicher viel einfacher auseinander halten. Wenn wir morgens zwischen 4 und 5 Uhr im Wald sind, können wir sogar sehen, wie die Wiese erwacht. Nicht nur das laute Summen der Insekten ist damit gemeint! Wir suchen uns eine Stelle, auf die die Morgensonne fällt. Dort können wir das Erwachen der Blüten und vieles mehr bestaunen.

Der Grusel-Spaß

Während einer Nachtwanderung kann man sich auch Gruselgeschichten erzählen. Der Erste fängt an zu erzählen. Wenn er nicht mehr weiter weiß, setzt der Zweite fort usw. Schaurig kann es werden, wenn alle eine Gruselpause einlegen und der Wald gruselige Geräusche beisteuert. Wenn einer zu viel Angst bekommt, lieber das Spiel abbrechen. Angst haben ist erlaubt und kann nicht einfach verboten werden. Wenn die Gruselgeschichte aber zu arg ist, kann der ganze Nachtwander-Spaß verdorben werden.

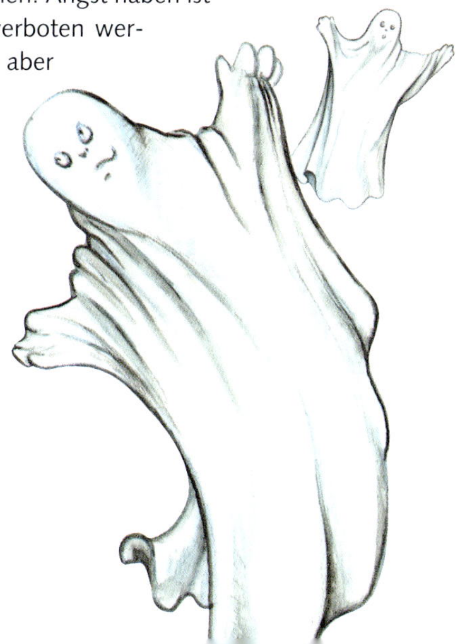

Das Sternenhimmel-Spiel

Wenn wir die Nachtwanderung in der warmen Jahreszeit machen, können wir ein spaßiges Spinnspiel spielen. Wir suchen uns eine Nacht aus, in der nicht Vollmond ist, dann sehen wir viel mehr Sterne. Wir legen uns dicht nebeneinander auf den Rücken auf eine Waldwiese und schauen in den Himmel: Einige Sterne und Sternbilder können wir vielleicht benennen. Für die anderen großen und kleinen Lichtflecken denken wir uns Namen aus. Wir schauen genau hin, wie sie aussehen und beschreiben sie uns gegenseitig. Übrigens kann man das gleiche Himmel-Guck-Spinnspiel auch am Tage mit ziehenden Wolken machen.

Am Abend ist im Westen oft ein heller Stern zu sehen – die Venus.

Der Taschenlampen-Spaß

Taschenlampen gehören bei einer Nachtwanderung sowieso zur Grundausrüstung. Wenn wir auch noch ein weißes Tuch mitnehmen, können wir ein Super-Nacht-Beobachtungs-Experiment machen.

Tipp: Nichts vorher verraten – große Überraschung! Es ist einfach phantastisch, während einer Nachtexpedition ein altes weißes Laken aufzuspannen und es mit einer starken Taschenlampe darunter zu beleuchten. Sofort gibt es ein Stelldichein von Nachtfaltern, Käfern und manch anderen Nachtinsekten. Mit einem Bestimmungsbuch können wir auch die Namen der Falter herausfinden. Dazu ein paar Falter in Becherlupen einfangen.

Bei Regen

Auch eine Wanderung im Regen kann ganz außergewöhnlich sein, vorrausgesetzt natürlich, man ist absolut wetterfest gekleidet. Dazu gehören in diesem Fall nicht nur Regenjacke und Kopfbedeckung, sonden am besten auch noch Gummistiefel.

Bei Regen hat der Wald eine ganz besondere Luft. Sie ist nicht nur frisch, sie ist richtig würzig. Geht zum Schnuppern dicht an Bäume und Blätter. Außerdem kann man prima beobachten, wie der Regen an verschiedenen Blatt- und Nadelformen abtropft. Um einen trockenen Platz zu finden, muss man sich schon gründlich umschauen. Vielleicht findet man eine tiefbeastete Fichte, unter der es richtig trocken ist.

Pfützenspringen erlaubt

Eine gute Beobachtungsaufgabe ist, zu vergleichen, wie viel Regenwasser im dichten Nadelwald und wie viel im Laubwald auf den Boden gelangt. Insekten mögen Regen nicht so besonders. Für manch kleines Insekt ist ein einziger Tropfen eine richtig große Bedrohung. Deshalb verkriechen sie sich gern an geschützte Stellen. An der Unterseite von Blättern und Blüten können wir sie entdecken.

Das Pfützen-Spiel

SPIEL-SPASS-TIPPS

Wer gummibestiefelt ist, kann ganz bedenkenlos durch alle Pfützen waten. Flache, kleine Pfützen geben ein anderes Geräusch, wenn man hineintapst, als tiefe, morastige. Man kann Wellen und Schlammwolken erzeugen, einen Kanal zur benachbarten Pfütze bauen und, wenn die Pfütze nicht all zu riesig ist, sie leer hüpfen. Dabei sollte man nur freundlicherweise darauf achten, dass niemand in unmittelbarer Nähe steht. Schließlich spritzt das Wasser bei einem ordentlichen Sprung gehörig nach allen Seiten.

Eine Geburtstagsfest im Wald

Einen Kindergeburtstag im Sommerwald zu feiern, mag auf den ersten Blick ein ziemlich aufwendiges Unterfangen sein. Doch wenn man sich einmal hineingedacht und sich ein kleines „Drehbuch" überlegt hat, wird es für Kinder und Eltern zu einem bleibenden Erlebnis, zumal das lästige Aufräumen der Wohnung erspart bleibt und uns zeigt, wie wenig Sachen man eigentlich zum Feiern braucht.

Ich habe mir ein Geburtstagsfest im Wald gewünscht!

Als erstes muss ein passender Ort im Wald gefunden werden. Optimal wäre ein öffentlicher Grillplatz mit Sitzgelegenheiten und einer genehmigten Feuerstelle. Vielleicht gibt es aber auch einen Campingplatz in Waldnähe. Die Forstverwaltungen geben hierüber gerne Auskunft und helfen weiter. Ist der Ort für das „Basislager" gefunden, sollte man sich ein paar Tage vor dem Fest in der näheren Umgebung umschauen, was der Wald alles zu bieten hat. Falls keine Sitzgelegenheiten vorhanden sind, bringen wir Isomatten oder Decken mit. Ein kleines Zelt kann als Vorratsraum dienen, und ein Verbandskasten für kleine Wunden sollte auch nicht fehlen. Jedes Kind bringt seinen Rucksack zum Treffpunkt mit und bekommt ein wenig von den Sachen hineingepackt.

Für das Lagerfeuer suchen wir dürres Holz im Wald, das wir ganz legal mitnehmen dürfen. Von einem Haselnussstrauch dürfen wir uns mit dem Taschenmesser ein paar Schösslinge abschneiden, die wir zum Stockbrotbacken brauchen. Dazu haben wir zu Hause einen Pizza-Teig aus 400 g Mehl, 1 TL Salz und 20 g frischer

Hefe sowie 200 ml Wasser und etwas Olivenöl vorbereitet. Nun wird der Teig um die Stockenden gewickelt und ins Feuer gehalten.

Den Früchtetee kochen wir, wenn vorhanden, mit klarem Waldwasser aus dem Bach. Ansonsten haben wir einen Kanister mit Wasser zum Teekochen und Händewaschen mitgebracht. Nachdem wir unser Stockbrot und den Geburtstagskuchen verzehrt haben, geht's wieder ab in den Wald. Dort können wir uns vom Geburtstagskind mit geschlossenen Augen als Raupe durch den Wald führen lassen, uns gegenseitig Geschichten erzählen oder auch ein Adlernest aus Moos, Stöcken und Blättern bauen, in das wir uns alle zusammenkuscheln.

Ein Waldbach eignet sich für das Bauen von Staudämmen oder zum Suchen von Edelsteinen. „Edelsteine" bekommt man in Mineraliengeschäften für wenig Geld ..., alles klar? Und wenn kein Bach in der Nähe ist, dann haben die Zwerge die Edelsteine halt am Fuß von dicken Bäumen oder in Moospolstern versteckt! Der Phantasie sind keine Grenzen gesetzt. Erstaunlich, wie schnell die Zeit vergeht und wie müde, aber zufrieden, alle nach Hause kommen.

Das Lagerfeuer ist einer der Höhepunkte.

Ein Geburtstagsfest im Wald lässt sich zu jeder Jahreszeit in der einen oder anderen Form durchführen. Bei kaltem Wetter sollte man versuchen, so viel wie möglich in Bewegung zu bleiben oder ein kleines Gasthaus zum Aufwärmen als Zwischenstation anzupeilen. Auch eine Fahrradtour auf ungefährlichen Wald- und Radwegen mit Picknick und heißem Tee aus der Thermoskanne ist eine gute Idee. Und natürlich halten wir immer Ausschau nach den kleinen Wundern unserer faszinierenden Natur.

Weiterführende Bücher:

Viele Naturfreunde entwickeln im Laufe der Zeit spezielle Interessen für einzelne Tier- oder Pflanzengruppen. Um diese dann sicher zu unterscheiden sind entsprechende Bestimmungsführer notwendig. Hier eine Auswahl von empfehlenswerten Büchern:

Bäume und Sträucher:

Ulrich Hecker
Bäume und Sträucher mit Schnellbestimm-System
BLV-Verlag, ISBN 3-405-15876-1

Bruno P. Kremer
Die Bäume Mitteleuropas
Kosmos-Verlag

Blütenpflanzen

Seidel / Eisenreich
Blütenpflanzen mit Schnellbestimm-System
BLV-Verlag, ISBN 3-405-15877-X

Dietmar Aichele
Was blüht denn da?
Kosmos-Verlag

R. Fitter
Pareys Blumenbuch
Parey-Verlag

Pilze

Harding / Lyon / Tomblin
Der Kosmos-Pilzführer
Kosmos-Verlag

Edmund Garnweider
Pilze
Gräfe und Unzer, ISBN 3-7742-4047-7

Insekten

H. J. Weidemann
Tagfalter beobachten undbestimmen
Naturbuch-Verlag, ISBN 3-89440-115-X

H. J. Weidemann / J. Köhler
Nachtfalter, Spinner und Schwärmer
Naturbuch-Verlag, ISBN 3-89440-128-1

Jiri Zahradnik
Käfer Mittel- und Nordwesteuropas
Parey-Verlag

Heiko Bellmann
Spinnen beobachten und bestimmen
Naturbuch-Verlag, ISBN 3-89440-064-1

M. Chinery
Insekten Mitteleuropas
Parey-Verlag

Amphibien

Blab / Vogel
Amphibien und Reptilien erkennen und schützen
BLV-Verlag, ISBN 3-405-14936-3

Vögel

R. Peterson
Die Vögel Europas
Parey-Verlag

Nicolai / Singer / Wothe
Vögel
Gräfe und Unzer, ISBN 3-7742-4063-9

Andreas Schulze
Vogelstimmen erkennen
BLV-Verlag, ISBN 3-405-15621-1

Säugetiere

Schilling / Singer / Diller
Säugetiere
BLV-Verlag, ISBN 3-405-12846-3

Tierspuren

Bang / Dahlström
Tierspuren
BLV-Verlag, ISBN 3-405-15846-X

Adressen:

Verschiedene Naturschutzorganisationen bieten Ferienlager und Workshops über Naturthemen an, bei denen unter fachkundiger Leitung Natur erlebt werden kann.
Hier ein paar Adressen:

LBV
Landesbund für Vogelschutz
Eisvogelweg 1
91161 Hipoltstein
Tel. 0 91 74 / 47 75-52
www.lbv.de

NABU
Naturschutzbund
Postfach 30 10 45
53190 Bonn
Tel. 02 28 / 40 36-0
www.nabu.de

Alpenvereins Bayern e.V.
Von-Kahr-Straße 2-4
80972 München
Tel. 089 / 1 40 03-0
www.alpenverein.de

Jugend des deutschen Alpenvereins Bayern e.V.
Von-Kahr-Straße 2-4
80972 München
Tel. 089 / 1 40 03-0
www.jdav.de

BUND
Bund Naturschutz Deutschland
Im Rheingarten 7
53182 Bonn
Tel. 02 28 / 4 00 97-0
www.bund.net

Greenpeace e.V.
Große Elbstraße 39
22767 Hamburg
Tel. 040 / 3 06 18-0
www.greenpeace.de

Fotonachweis

Alle Fotos vom Verfasser mit Ausnahme von:
Bajohr, Wolfgang Alexander: S. 41 Mitte links; S. 50 oben; S. 51 oben; S. 54 zweite Reihe links, dritte Reihe rechts; S. 64 oben; S. 65; S. 71 Mitte; S. 89 Mitte links; S. 115 unten; S. 125 zweite Reihe links, dritte Reihe links und rechts, vierte Reihe rechts; S. 127 dritte Reihe links
Groß, Robert: S. 116; S. 127 oben
Landesbund für Vogelschutz in Bayern: S. 44 unten; S. 138, S. 144, S. 156, S. 157 u., S. 45 oben, Mitte, unten
Nill, Dietmar: S. 56, S. 59 unten;
Räsänen, Tapani: S. 60 oben
Volmer, Bernhard: S. 115 Mitte
Wehrfritz: S.16, S. 130, S.132
Wothe, Konrad: S. 87 Mitte links, unten rechts, unten links; S. 91 unten; S. 95 zweite Reihe links und rechts